科學⊕

臺大科學教育發展中心
探索基礎科學系列講座

永續
發展的路口

實踐 SDGs 的權威指南

主編　臺大科學教育發展中心
　　　主任　于宏燦

編著　許晃雄、王根樹、張靜貞、張聖琳
　　　林子倫、陳美霞、楊谷洋、周桂田

三民書局

推薦序

作為大氣科學家，投身颱風研究 30 餘年，在第一線見證氣候變遷日益嚴峻，且有許多觀測資料與模擬顯示全球暖化和颱風強度的高度關聯。與此同時，科技進展與社會結構改變等眾多因素，皆對地球系統和人類生活造成巨大的影響。因此，永續發展已成為全人類最迫切的共同目標之一，聯合國更將 2022 年訂為基礎科學促進永續發展國際年。永續發展涉及人類的生存、福祉、環境與創新等多方面的挑戰和機遇，我們需要跨越學科、國界與文化，攜手合作並持續學習、思考與行動。

在這樣的背景下，臺灣大學科學教育發展中心舉辦的探索系列講座「永續發展的路口」格外具有意義和啟發性。很榮幸受于宏燦主任邀請，參與系列講座的主題規劃，以聯合國提出的 17 項永續發展目標 (Sustainable Development Goals, SDGs) 為架構，延攬相關領域的專家學者分享見解，分別從環境、社會、經濟和文化的角度，探討包含氣候緊急挑戰、水質安全、糧食安全、永續城市、能源轉型、海洋保育、公衛之危機與轉機、AI 機器人發展、淨零碳排、責任投資等議題。很高興看到這些演講內容經彙整成書，書名為《永續發展的路口：實踐 SDGs 的權威指南》，由三民書局出版。

本書內容豐富詳實，由各領域專家學者以其專業知識，涵蓋永續發展的定義、歷史、趨勢，以及各個面向的挑戰與解決方案。文字深入淺出，並附有精彩的圖表與數據，有助於讀者理解永續發展的複雜性，並深入思考如何在日常生活中實踐永續理念。例如，台灣環境資訊協會陳瑞賓秘書長分享公民參與海洋守護的案例，由潛水店家與民眾協助珊瑚礁監測；中研院經濟研究所張靜貞研究員從農場到餐桌的減法思維，談糧食供應鏈上中下游，以至於消費者對糧食安全的責任；臺灣大學建築與城鄉所張聖琳教授在臺北市協同推動的都市農耕倡議，建立對土地的文化認同；另有《巴黎協定》2050 淨零碳排目標、如何提升民眾公衛意識進而翻轉公衛體系等，身為世界公民不可不知的重要議題。

　　永續發展議題既廣且深，我們在滿足當代需求的同時，也必須考量面對未來世代的公平正義。個人在此誠摯地向關心人類未來的所有讀者推薦《永續發展的路口：實踐 SDGs 的權威指南》這本好書。期盼本書為您帶來豐富的知識和啟發，讓您在生活中做出更好的選擇，並以具有遠見與創新思維的行動力，一同創造一個更美好的世界。

國立臺灣大學理學院大氣科學系教授

吳俊傑

序

　　近來臺灣社會各界對「SDGs」(Sustainable Development Goals)
朗朗上口，不時還要在前面冠上「聯合國」，以全稱之中文——聯
合國永續發展目標，凸顯其重要性，同時加深閱聽者的印象。

　　其實，早在 2015 年，聯合國大會便已決議，立下這 17 項目
標。這是二十一世紀到第 15 個年頭時，人類對文明反省的結論，
期望在 2030 年能夠達到所揭櫫的這些目標。然而，根據經驗法則，
聯合國提出的目標，一向難以達成，那為什麼這一回，又掀起全球
（包括臺灣在內）的熱潮呢？

　　關鍵在於地球人口的成長有如脫韁野馬，進入生物族群「指數
成長」的階段！我們在國民教育階段都學過生態學，知道「指數成
長」之外，還有一個關鍵是「生態承載力」。一旦衝破棲息地的「生
態承載力」，族群會經歷毀滅性的崩解災難。這包括生物彼此之間，
為了爭奪資源而產生的衝突。人類歷史上一些戰爭背後始末，都隱
約源自這生態學陳述的成因。不過，今天的危機在於——全球化之
後，已經沒有所謂「區域生態承載力」，而只有一個整體的「地球
生態承載力」。任何地區的事件，終將如潮水一般，向海岸湧來。
例如：俄烏戰爭、溫室效應下的氣候變遷，導致巴西咖啡的欠收、

葡萄酒產地的移動。更不要說 2020 年初冒出新冠肺炎疫病（源自人和野生動物違反自然的接觸方式）以來，所產生的政經、醫療等巨大影響，以及日常生活上的極大不便。也難怪聯合國這回要提出這 17 項「不可能的任務」，實在是被局勢的危急所迫！

那我們要如何化解這「新浮現」的「世紀危機」呢？臺大科學教育發展中心 (CASE) 響應聯合國於 2022 年的另一項呼籲「基礎科學促進永續發展國際年」下，推出臺大探索基礎科學秋季講座「永續發展的路口」，強調解決問題必須靠科學方法來解析問題，同時以科學發現所衍生的新科技對症下藥，盼望能夠踏實地化解危機。限於時間，講座系列選出 10 項臺灣在地息息相關又迫切的 SDGs，邀請參與過這些事務的專家，講解問題的本質及因應之道。講座於 2022 年 9 月至 12 月順利完成，而其中的 9 位講者更於百忙之中，接受邀請將內容文字化，出版本書，讓讀者——尤其是年輕學子能夠容易理解，甚至在反覆閱讀之後，充分了解議題，進而更願意投身科學與科技去尋求解方。畢竟這些問題只會日趨嚴重，唯有前仆後繼的努力，才有減緩危機的可能。尤其，從講者的解說中，學到如何針對一項 SDG 之下的現象去收集資料，分析資料（包括定性和定量），精準找出問題，並妥善、適當地運用科技解決問題。

臺大的 CASE 向來強調「基礎科學」是推動臺灣科技與社會經濟進步最關鍵的原動力！儘管社會對「應用」一直有很高的期盼，臺灣的科學界仍然堅持理念，培育出不少人才，投入科學研究，進而衍生出多項科技的應用，雖然還比不上科學領頭的先進國家，但

和許多鄰近國家、地區相比，已是了不起的成就。

　　本書的出版，不僅提醒各界這些講授科學的先進與導師之努力，更是在聯合國擎起「基礎科學促進永續發展國際年」旗號的同時，感謝他們為社會的默默付出。

臺大科學教育發展中心主任／
國立臺灣大學生命科學系教授

于宏燦

目次

引　言

陽明交通大學電機系教授　楊谷洋

　　追求永續已經是這個時代一致的共識，因為包括環境破壞、氣候變遷等等因素已經對我們居住的地球產生巨大的影響，在此同時，相信大家對於永續生態、校園等種種的宣示也是耳熟能詳，那我們要如何來看待永續這個議題呢？根據聯合國在 1987 年發表的《我們共同的未來》中，永續發展被定義為「在不損害後代子孫滿足其自身需求的情況下，滿足當代需求的發展模式」，也就是說，在社會發展的過程中，我們要能與生存的環境保持平衡與和諧的關係，這不僅是為了自己，也是希望讓未來的世代能有個立足之地。

　　相信大家都樂見這樣的願景能夠實現，也願意貢獻一己之力，但是要如何著手進行呢？我們先來看看身邊有沒有永續的例子，民以食為天，餐飲業可說是永續的表率，糕餅、美食的百年老店隨處可見，位於日本京都附近的伏見稻荷食堂祢ざめ家，甚至是創業於近 500 年前的 1540 年， 連統一日本的豐臣秀吉這樣的歷史人物也曾到過這家餐廳，是不是很驚人呢？

　　相對地，產業界似乎是呈現出另一種光景，不知道年輕一輩對柯達這家公司還有印象嗎？當年它憑藉著膠捲底片可說是雄霸一方，可是在數位相機問世後，卻由於轉型失敗，一度淪落到破產的地步，甚至成為企管學負面教材的範例，類似的例子也隨處可見；仔細觀察一下，當前業界的巨擘，像是 Google、臉書、微軟等公司，也不過才創立幾十年的光景，合理的預期，他們的地位未來也勢必會被新的公司所取代。兩相對比，為什麼餐飲業和產業界會有這麼大的落差呢？

　　原因就在於美食講求的是忠於原味、愈陳愈香，而產業卻是要求創新，產品要能不斷地推陳出新，就像手機普及後，電信局的電報業務也就此宣告結束，以往林立的公共電話亭也幾乎消失無蹤。（不知道有沒有保留幾座提供超人換裝之用？）正如電腦不可或缺的資料儲存裝置，由磁片到 CD、再到快閃記憶體，也是一代換過一代，新技術的推出必然會導致相關公司的存亡與更迭，引發像是前面談到的柯達公司事件。如此說來，這似乎是在暗示我們，產業界並沒有永續這件事嗎？

　　2014 年上映的日本電影《WOOD JOB！哪啊哪啊神去村》講述的是一個年輕人陰錯陽差投身到森林伐木工作的故事，在其中的一個橋段中，林場的前輩向茫然無知的他說了一段話，我們今天所砍的樹木是一代、甚至是數代之前所栽種的，他們並不是為自己而種，而是為了後人所努力，所以才有現在如此堅實、挺拔的林木，這樣的精神我們要傳承下去，一代接著一代。

　　感動之餘，這其實也述說出了永續的意義，它會是一種精神、一個態度，進而成為一種生活方式，也因此個人或是單一公司的存在與否並不是唯一的考量，整個社會與環境的存續才是關鍵，就像前面《我們共同的未來》中所說的，所有的發展都應該要思考到未來的世代，如果真能建立這樣的心態，相信這會讓我們在做每件事的當下，都能更加無私、也會想的更遠！

　　再回到聯合國的宣示，為了讓永續的理想能夠進一步落實，它在 2015 年通過了 2030 永續發展目標 (Sustainable Development

Goals, SDGs)，明確提出 17 項全球邁向永續發展的核心目標，每一項都非常值得參考與實踐。在接下來的文章中，我們會針對臺灣社會所關注的幾項目標進行討論，深入淺出地剖析各項議題的來龍去脈，這其中在在是挑戰，也不容迴避。在臺灣與世界邁向永續的道路上，需要你我共同努力。

chapter **1**

氣候緊急年代的挑戰與契機

講者｜中央研究院環境變遷研究中心特聘研究員　許晃雄
彙整改寫｜周方婷

地球超載中

不需要多專業的財經金融背景都能夠明白一條簡單的理財概念——「擁有多少錢，才能夠花多少錢。」如果只擁有 10 元，卻想擁有 20 元的物品，又該怎麼辦呢？人類長久以來的經濟型態提供給我們三種辦法：一是努力賺錢開源；二是忍耐欲望降低支出；三則是最糟糕的一種作法：預支明日能夠使用的金錢來填補今日的欲壑。

可是如此一來，雖然今日的欲望得到了滿足，但明日又怎麼能夠忍受無錢可花的生活呢？在經濟市場上，不斷透支的後果是破產；同樣地，在永續環保上不斷向大自然予取予求，每日、每月、每年透支的結果，就是「地球超載日」的提前到來。

大自然在一段時間內能夠產出的資源有限，「地球超載日」即是以地球一年能夠產出的自然資源為基準，計算出人類耗盡地球當年度資源的日期。以 2022 年為例，當年度的地球超載日為 7 月 28 日，也就是說，從 1 月 1 日到 7 月 28 日這段時間，人類已經耗盡了地球該年所能生產的自然資源！

地球超載日的提前，代表著人類更加毫無忌憚地消耗資源。地球超載日自 1980 年的 10 月，逐漸提前至 2000 年的 9 月、2010 年的 8 月，再到如今的 7 月，提前的速度愈來愈快。2022 年，全球人類竟需要 1.75 個地球才能夠供應當年度所需。更可怕的是，地球超

載日每年都能夠重新歸零計算，但每一年的生態負債卻從來都沒有真正填補過，也就是說，人類自 1970 年代開始的生態負債，逐年累積至今。資源生產的速度遠遠補不上消耗的量，我們每時每刻都在透支著未來。

　　乾旱、洪水、飢荒、熱浪，大自然的反撲也在這幾年陸續上演，極端氣候席捲全球的如今，我們又該如何自處呢？在思考這個問題前，讓我們先回頭檢視問題的來源。

「進擊」的全球暖化

　　在日本人氣動畫《進擊的巨人》中，巨人是一種強大、難以對抗，而且永遠不會退縮、回頭，甚至不斷地在加速進擊向前的象徵。全球暖化就好像現實生活中的進擊巨人，自 1980 年代該現象開始出現起，地表溫度不斷上升，而且上升的速度愈來愈快，人類面對全球暖化這個巨人，幾乎毫無反抗之力。

　　然而，這個「巨人」事實上是由我們親手餵養而成。自 1880 年社會工業化以來，人類大量使用石化燃料產生出許多溫室氣體，透過全球溫度上升曲線和溫室氣體濃度關係圖（圖 1–1）可以發現，兩者呈現相同的趨勢，詳細的氣候模擬證實溫室氣體濃度的增加是造成暖化的主要原因。

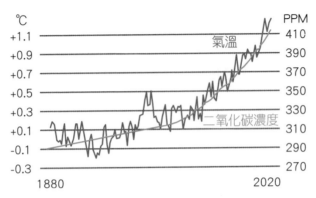

▼圖 1-1　1880 年起至 2020 年，二氧化碳濃度及全球暖化的關係圖

▌極地放大效應

　　全球各地皆有暖化現象，其中，又以極區最為嚴重。過去 50 年以來，北極上升的溫度是全球平均值的 2～3 倍，這樣的現象被稱作「極地放大效應」，指的是星球輻射平衡出現的任何變動，在極區的影響都會更加顯著。極區原先因為冰雪的反照率高，能夠反射大部分的太陽光，因此才能保持冰冷，然而，當極區的冰雪逐漸融化，無法再自體反射太陽光，反而被海洋吸收，儲存了更多熱量，便使得極區的暖化更為加劇。火上加油的是，當北極溫度上升導致永凍土層融化，原先儲藏在寒冰之中的甲烷和二氧化碳將大量釋放至大氣中，同樣會使暖化現象更加惡化！以金星為例，溫室效應遠大於地球，在這顆炙熱的星球表面上，赤道和極區的溫度幾乎沒有任何差異！

▎日益嚴重的全球暖化

　　不僅極區暖化情況嚴重，人類所居住的中、低緯度區域也受全球暖化影響，極端氣候頻發。位於南美洲的亞馬遜雨林，被稱作是「地球之肺」，本來應該是減緩全球暖化的重要角色，但隨著人類過度砍伐（圖 1–2），以及極端氣候帶來的乾旱、森林大火，亞馬遜雨林已經逐漸失去調節溫室氣體的能力，部分地區也從熱帶雨林轉為熱帶草原，吸收二氧化碳的能力更為下降。

▼圖 1–2　受到過度砍伐的亞馬遜雨林

　　如果仔細觀察這些暖化現象，就會發現全球暖化像一個運作細膩的齒輪，當人類不慎推動了它之後，這個齒輪便會開始自己運轉。人類初始行為所結出的果，將成為更多後續連鎖反應的因，如此循

環往復之下，便會產生更嚴重的惡果。上文提到的極地放大效應就是一個很好的例子：當我們使極地開始暖化時，極地自身的環境條件導致了當地的暖化更為嚴重；當永凍土層解凍以後，又會釋放出更多的溫室氣體到大氣層中，造成更嚴重的全球暖化。全球氣候牽一髮而動全身，一個小小的事件也有可能導致難以想像的後果，這也提醒了我們，往後每個行動都須更仔細地審視思考，以免無意間造成更大的破壞。

逐漸改變的氣候

我們常聽人說「十年一見的熱浪」、「百年一遇的大雨」，其實就是描述了「重現期」的概念，即表示發生該強度自然災難的頻率，這個頻率是根據歷史統計資料所計算得出。10 年重現期的熱浪，即指平均每十年會發生一次的熱浪。值得注意的是，雖然我們口語上常用「十年一見的熱浪」來表達，卻並不是真的剛好每隔 10 年就會出現 1 次，僅是指在一段很長的時間跨度中，同樣等級的極端事件平均發生機率。

隨著全球溫度的升高，極端氣候也愈來愈頻繁發生，根據聯合國政府間氣候變化專門委員會 (IPCC) 推算 （表 1–1），每當地球增溫 2 ℃ 及 4 ℃，原本重現期為 10 年強度的熱浪、降雨和乾旱發生頻率都會大幅增加，且強度也會更加可怕。

❧表 1-1　聯合國政府間氣候變化專門委員會推算之數據表

	熱浪	降雨	乾旱
增溫 2 ℃	10 年重現期的熱浪發生頻率增為 5.6 倍，強度更熱 2.6 ℃	10 年重現期的降雨發生頻率增為 1.7 倍，強度更強 14%	10 年重現期的乾旱發生頻率增為 2.4 倍，強度增加 0.6 個標準差
增溫 4 ℃	10 年重現期的熱浪發生頻率增為 9.4 倍，強度更熱 5.1 ℃	10 年重現期的降雨發生頻率增為 2.7 倍，強度更強 30.2%	10 年重現期的乾旱發生頻率增為 4.1 倍，強度增加 1 個標準差

▋熱　浪

　　事實上，不用等到真正增溫 2 ℃，現在全球各地就已出現了難以忍受的高溫熱浪。2022 年 5 月，印度及巴基斯坦一帶就曾出現 51 ℃ 的極高溫；別以為只有亞熱帶地區會遭殃，連位在溫帶地區的英國也在該年 7 月出現了突破 40 ℃ 的高溫，「熱死人」已成為現實，而且愈來愈嚴重。如果你認為現在臺灣的夏天就已經難以忍受的話，或許就得仔細考慮加入永續環保的行列了，因為臺灣的夏天實際上還在熱浪來臨前的微幅緩衝期。根據世界氣象組織 (World Meteorological Organization, WMO) 的定義，熱浪是指「連續 5 天的最高溫皆超過歷史最高溫度平均值 5 ℃ 以上」，若以此標準來看，臺灣夏天其實還從未出現過熱浪。但如果我們再不改善暖化現象，臺灣也將逐漸轉變為熱帶地區的氣候型態，冬天愈來愈短，夏天則佔據幾乎大半年的時間。

▌旱澇並存

降雨和乾旱更是影響人類生活。我們或許會疑惑，降雨和乾旱怎麼會同時存在於這個世界上呢？這個問題可以透過大氣熱力學的概念來解釋。一團空氣溫度愈高時，它可以含有的水氣也愈多。當一個天氣系統把周圍所有水氣吸走，使空氣中的水氣更加飽和時，所降下的雨量也更大；而降雨變大時，從大氣中釋放出來的熱量也更多，將會導致下一次的降雨更大，形成降雨強度愈來愈大的惡性循環。乾旱則是剛好相反的情境，乾燥區域本來就缺少水分，使得空氣團需要吸收更多的水氣才能達到降雨所需的飽和水氣量，因此雨水始終無法降下，只會不斷地蒸發，導致乾旱更加嚴重。

這將會導致恐怖的「旱澇並存」現象：一個區域在某幾個月洪水氾濫成災，又在其他的月分半滴雨水都不落下。在臺灣，降雨多集中於夏季，在乾溼季的過渡期（也就是 5、6 月）最容易發生旱澇並存。中南部地區經過整個冬天的乾季，容易發生缺水（圖 1–3），但緊接而來的夏季豪大雨又可能造成致命洪災，這樣的生活將逐漸變為我們的新常態。

▌日常生活也能察覺全球暖化：《聖誕老公公變瘦了？》

你還是難以想像氣候變遷所帶來的衝擊嗎？那我們來看看以下這個故事：

一年一度的歡樂聖誕節又來臨啦！孩子們滿心歡喜地等待著聖誕老公公到來，這個白髮蒼蒼、圓潤和藹的聖誕老人形象，長年來

🐋 圖 1–3 2021 年全臺旱災，臺南的曾文水庫幾乎見底

帶給世界無數的歡聲笑語。咦？等等，今年的聖誕老人怎麼有些不一樣？沿著煙囪爬下來的聖誕老人，先前圓潤的臉龐凹陷了下去，原本圓滾滾的他所身著的紅色大衣，今天卻鬆鬆垮垮地披在他消瘦憔悴的身軀上。原來，全球暖化導致北極圈的海冰逐漸融化，不僅馴鹿找不到食物，連聖誕老公公也瘦了一大圈……

　　這個故事來自於繪本《聖誕老公公變瘦了？》，這本書不僅是為了呈現全球暖化所造成的衝擊，也希望提醒讀者透過日常的點點滴滴，體會全球暖化是真實存在的，並謹記暖化所造成的影響永遠是所有人必須一起承擔的。當北極變暖、冬天逐漸消失，過去美好的聖誕節也將不復存在。

　　還有沒有什麼日常小事可以讓我們從中察覺全球暖化的蛛絲馬跡呢？近幾年來由於溫度上升的關係，過去我們認為只會出現在熱

帶地區的疾病，例如登革熱、茲卡病毒等，如今相關病例也出現在了法國、英國等溫帶地區。另外，愈來愈昂貴的糧食也是一種象徵指標，2012 年北美發生了嚴重的乾旱，造成當地小麥、黃豆等作物產量劇減，使得美國當年度的食品花費上漲。從各地出現過去未曾罹患過的疾病到漲價的民生用品，這每一個日常經驗都在提醒著我們，全球暖化正逐漸滲透至我們的生活當中。

應對氣候新常態：衝擊、減緩和調適

　　面對這樣的極端氣候新常態，我們又該如何應對呢？「衝擊、調適、脆弱度」是氣候變遷的關鍵詞，這裡我們先著重討論「衝擊」與「調適」兩者，「脆弱度」將會於後面篇幅再談。「衝擊」指的是氣候變遷所帶來的衝擊；「調適」則不同於過去的作法，不只是透過減碳來避免災難，而是須認清過去我們的所作所為已開始反饋至自身，現在施行減碳雖然能夠減輕未來發生的災難，但過去因濫用所產生的災難是無法逃離的，對此，人類社會須發展出更強的「氣候韌性」。

如何「調適」日漸頻發的災難

　　在災難無可避免的情況之下，發展出高的氣候韌性，代表應對災難以及災後復原的能力也愈高，也就是人類回應災害的內在能力。

舉例而言，2015 年的強烈颱風蘇迪勒所帶來的強風、豪大雨困住了所有人，更是嚴重影響民眾生活。颱風來襲那一天，輸電線、配電線受災嚴重，更危及了電力輸電系統主幹線，導致全臺差點面臨斷電危機[1]。為了避免這樣的危機再次發生，相關單位可以發展與普及分散式能源技術，使臺灣社會在面臨地震、颱風等天災來襲時，能將受到的傷害降到更低。此外，近幾年在國際間相當流行的「海綿城市」也是增加氣候韌性的一種可嘗試方法。過去面對洪災時，我們常用防洪堤壩來防災，但隨著洪災規模增大，且在可預見的未來也會逐漸增強時，不斷興建更大的防洪堤壩並非最好的辦法；相較之下，海綿城市或許就會是一種更好的選擇。海綿城市即是指打造如海綿一般，在降雨時能夠自己吸水、排水的城市，如此一來，便可以減少豪雨時的地表逕流，並盡力將這些水資源保存下來，供乾旱時使用，既可以應對高強度的降雨，又可以減緩旱災，一舉兩得。

▎必須解決根本問題

如何「調適」在較短時間尺度內會遇到的災難固然重要，但我們也必須追溯造成這些災難加劇的本質原因，否則就只是揚湯止沸，無法解決根本的問題。我們現今遭遇的氣候災難加劇，若追本溯源可歸因於全球溫度的逐漸上升，也就是說，人類如今要面對的根本課題，就是如何控制地球升溫的速度和範圍。IPCC 在《地球暖化 1.5 °C》特別報告中，整理出了地球面臨不同升溫狀況時所會遭遇的

---

[1] 欲更加瞭解當時情況，可參閱《台電月刊》633 期〈那一天，差點全台大停電〉。

衝擊（圖 1–4）。其中，在溫度升高 1.5 °C 的情況下，除了極端氣候
發生頻率增加外，對生態系統的衝擊也無法避免，不僅美麗的珊瑚
礁將消失 70～90%，大部分海洋生物也將面臨不可逆的嚴重衝擊。

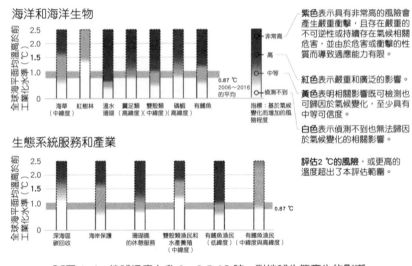

▼圖 1–4　地球溫度上升 0～2.5 °C 時，對地球生態產生的影響

　　氣候變遷不僅對海洋生態系統會造成毀滅性的衝擊，對於陸域
生態系統也影響巨大，例如：因為氣溫升高，原本生長在低海拔的
動植物被迫遷移至高海拔區域，稱為高山暖化現象。在一項相關研
究當中，數據資料已經實錘了高山哺乳類向高海拔遷移的現象；以
山羌為例，過去牠們是生活在海拔 1,800 公尺左右的地區，如今已
遷移至海拔 2,100～3,600 公尺，上升高度近一倍。至於那些原本就
居住在高海拔地區的生物，既無處可遷移，又須面對更多的物種與
牠們競爭棲地，將面對的或許就是滅絕的結果。

　　地球歷經了 46 億年的演變，才孕育出今日多如星河、生機勃勃的芸芸眾生，然而，極端氣候正在改變著這些生命的居住環境，威脅著物種的生存，若我們再不設法改善全球暖化，這顆璀璨的藍色星球將迅速地失去原有的生機。

現在就是淨零排放的關鍵時刻

▌正負 1.5 °C 的戰爭

　　2015 年簽署的《巴黎協定》(*Paris Agreement*) 決議將全球升溫控制在 2 °C，但最好在 1.5 °C 以內。在這個溫度提升幅度內，雖然氣候變遷依然會對地球生態及人類社會造成極大的衝擊，但仍在勉強可控制，且能夠慢慢使地球康復的範圍。也就是說，控制升溫 1.5 °C 其實是在為人類爭取時間，只要能夠於 2100 年前將溫度控制在這個範圍內，我們仍有機會能夠在這顆美麗的藍色母星上永恆居住。

　　要控制升溫 1.5 °C 並不是一件簡單的事情。前面篇幅曾提及，依照全球溫度上升曲線和溫室氣體濃度關係圖，我們可以推斷全球暖化與溫室氣體濃度高度相關。由此可知，若要在日益俱增的溫室效應下守住 1.5 °C，此時我們是否能夠持續減碳就是關鍵。我們需要在 2020～2030 年間每年減碳 7.6%，並於 2030 年時減碳 45%，進而達成 2050 年淨零排放的終極目標（圖 1-5）。

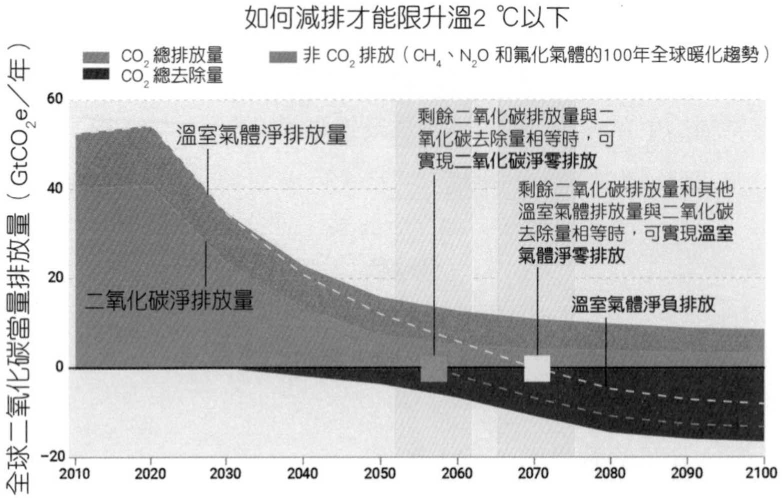

圖 1–5　2050 年淨零排放規劃路徑

這樣的數據乍看之下沒有什麼感覺，但回顧自 2020 年起肆虐全球的新冠肺炎病毒，使得全球人類活動大幅停擺，世界各地的運輸、交通等受到極大影響，儘管如此，碳排減少量也僅有 5.6% 而已，可見要在這 10 年間每年減碳 7.6% 是多麼困難的挑戰。

負碳排放技術

想在 2050 年前達到淨零排放，除了減少碳排放之外，更要發展負碳排放技術。人類社會不可能達到真正的完全零碳排放，不過，若能將碳排放減少至一定數量，再透過負碳排放技術抽取大氣層中相當數量的碳含量，也可以達成碳的淨零排放，也就是所謂的「碳中和」！

目前負碳排放的技術主要是透過「固碳」的方式捕捉大氣中的二氧化碳，再透過植物的光合作用，將二氧化碳轉化為有機化合物。目前世界各國也在努力開發除了植物之外，其他能夠人工固碳的方法，例如臺灣中研院即在 2022 年打造出人工固碳循環系統，透過利用微生物體內的酶，更高效率地進行固碳！

此外，碳稅、碳交易也是近年興起的減碳政策。碳交易是利用經濟學中的總量管制概念，由政府規定各企業所能夠排放的碳量限制；若是想要超額排碳，則需要花錢向其他企業購買。如此一來，不僅能夠將碳排放造成的外部成本轉移回企業身上，也能透過市場機制維持碳交易的平衡。碳稅則更加好理解，即是透過以價制量的概念，對個人或企業所排放的碳徵收稅款。這兩種方法皆是希望藉由經濟學理論，達成減少碳排的目標！

不可忽視的族群：氣候脆弱度

瞭解完衝擊和調適之外，再來談談 IPCC 設定的另一項氣候變遷關鍵詞——「脆弱度」。簡單來說，在面對極端氣候災害時，愈無法保護自己、降低災害所帶來之影響的族群，其氣候脆弱度也就愈高。舉例來說，易受海平面上升影響的沿海地區居民，以及因受到極地放大效應的影響，氣候變遷將造成生活環境發生巨大轉變的極區原住民，都是氣候脆弱度高的族群。此外，日常生活中常見，較為貧窮的族群，也同樣難以應對氣候變遷帶來的災害。

國內環保政策如何兼顧社會正義

　　各國無論是在進行減碳或是制定調適政策時，都需要隨時注意氣候脆弱度較高的族群，以確保政策不會傷害到他們，才能夠達成兼顧社會正義的永續環保。舉例而言，臺灣曾在 2020 年禁止市面上較為老舊、不環保的二行程機車❷上路，但擁有二行程機車的多是長輩或是經濟能力較弱的族群，若無設立配套措施，直接禁止二行程機車上路，雖然能夠達到減少碳排的利益，卻同時犧牲了這群人的生活。因此，環保署也採取補助的方式，幫助車主將舊車更換為較環保的四行程機車。

國際間環保政策如何兼顧社會正義

　　由已開發國家資助開發中國家進行永續轉型 (sustainability transition)，也是一種重視氣候脆弱度的作法。時常有開發中國家提出抗議，認為已開發國家在過去濫用地球資源達成快速開發後，如今卻不允許他們這樣做，是非常不公平的；此外，開發中國家也會提出因資金不足，無法發展潔淨科技的訴求。因此，除了過去單純提供金錢或技術援助的作法外，已開發國家也須負起責任，進一步協助開發中國家解決國內的赤貧、不平等、飢餓等問題，讓開發中

---

❷ 目前一般市面上的機車引擎運作流程分為 4 個行程，分別為「進氣 → 壓縮 → 燃燒 → 排氣」，稱為四行程機車。而早期的機車是將「進氣、壓縮」與「燃燒、排氣」各合併成 1 個行程完成，總共 2 個行程，稱為二行程機車。二行程機車由於燃燒不完全，使得廢氣排放量較多，較為不環保。

國家的氣候韌性加強。只有在顧慮到氣候脆弱度較高的族群時，才能夠達成兼顧社會正義的永續環保。

　　近幾年伊拉克屢次遭遇高溫就是一個實際的案例。當地政府因為沒有能力將電力平均分配，導致只有富人能夠享受到電力帶來的氣溫調適，而窮人卻只能眼睜睜地等著被熱死；此時已開發國家若能適當介入，協助當地普及電力設備、調整電力分配，便能夠減少氣候變遷帶來的貧富差距問題。

減碳中的重要角色：政府和跨國企業

▎各國政府對於減碳行動的策略

　　隨著氣候議題逐漸搬上國際政治舞臺，各國政府及國際組織也積極討論如何減碳，美國、歐洲各國、中國、日本等陸續提出減碳承諾，其中又以歐盟所提出的綠色政綱（圖 1–6）最為完善和積極。在歐盟綠色政綱當中，規劃了一項詳實的公平轉型策略，不僅包含了減碳，也將建築翻新、零汙染環境及社會正義等皆考慮在其中，尤其近兩年因俄烏戰爭而導致的能源問題，更是讓歐洲各國關注起尋找替代潔淨能源的重要性，並投入了大量的資金。付出的一切努力，就是希望能夠打造一個更環保、更具有韌性的歐洲，也能夠藉此讓人們看見，國際組織及政府只要願意，便能在淨零排放中發揮如此大的領導力量。

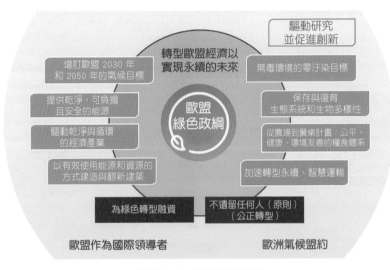

🌱圖 1–6　歐盟綠色政綱

　　近年來，臺灣在減碳上也做出了相對應的努力。以前，我們總是忽視全球暖化帶來的惡果，對於減碳也是沒有制定明確的目標就「先執行再說」，然後「先射箭再畫靶」，等減碳程度的結果出來，再聲稱當初的目標就是如此。如今我們應該更正為「畫靶射箭」，先制定出明確的減碳目標再努力達成。在 2022 年，我國制定了 2050 淨零轉型的政策，根據現實狀況修正溫室氣體減量及管理法，提出 2050 年碳排放淨零的最終目標。對抗全球暖化，我們需要以面對新冠肺炎疫情的緊迫態度來看待，才能漂亮地達成目標！

跨國企業如何協助減碳行動

　　除了政府力量之外，過去常被我們認為是環保「萬惡源頭」的跨國大企業，實際上在減碳行列中也扮演著關鍵角色。《超限未來十大趨勢》一書中曾提到：「企業一旦知道如何透過拯救環境來賺錢，我們的未來也會更加安全。」只要企業能夠發展出兼具環保及利益的商業模式，將能夠帶領淨零進展更加快速。舉例而言，許多跨國大公司都加入了氣候組織主導的 "RE100" 行動，加入此行動的企業，需承諾在 2050 年時達到 100% 使用再生能源的目標，並提供逐年達成目標的進程報告。加入該行動的外國企業包含我們熟知的 Apple、Meta、Coca-Cola、Sony 等，而臺灣企業也有不少陸續加入，包含台積電、宏碁集團、台灣大哥大、華碩等。

再生能源的發展與趨勢

　　潔淨能源給人的印象總是昂貴又難以取用，提倡全面改用再生能源，是不是有些「何不食肉糜」的意味，沒有考慮到無法負荷潔淨能源的族群呢？其實現在已經逐漸邁向再生能源時代，潔淨能源早已和傳統印象不同。在 2020 年發布的世界核能產業報告中，將各種再生能源和煤炭發電進行比較，可以看出大部分再生能源的價格在過去 10 年都已經大幅下降，尤其是太陽能、風力發電等，價格甚至低於煤炭發電（圖 1–7）。

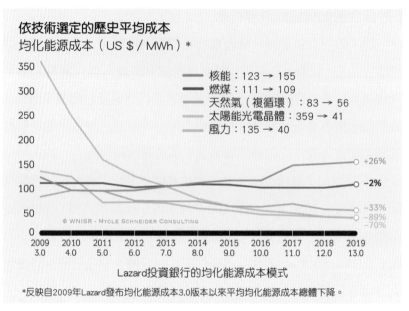

依技術選定的歷史平均成本

均化能源成本（US $ / MWh）*

核能：123 → 155
燃煤：111 → 109
天然氣（複循環）：83 → 56
太陽能光電晶體：359 → 41
風力：135 → 40

© WNISR - MYCLE SCHNEIDER CONSULTING

2009 3.0　2010 4.0　2011 5.0　2012 6.0　2013 7.0　2014 8.0　2015 9.0　2016 10.0　2017 11.0　2018 12.0　2019 13.0

Lazard投資銀行的均化能源成本模式

+26%
-2%
-33%
-89%
-70%

*反映自2009年Lazard發布均化能源成本3.0版本以來平均均化能源成本總體下降。

⍦圖1–7　再生能源和煤炭發電在2009～2019年的價格變化

　　再生能源為何能在 10 年間達成這麼大的轉變呢?這與科技發展的 S 曲線有關。在歷史上許多科技的發展當中，都可以發現技術發展程度會呈現 S 曲線（圖 1–8）。在發展前期，因為對於科技的不熟悉，需要花費大量時間進行基礎研究、探索，導致推進十分緩慢；一旦達到一定程度的理解，該科技的運作就能夠大幅降低成本，因此發展進程得以飛速成長，進入擴張的階段；最終，該項科技的開發已經成熟，則又再回到大眾普及的平穩階段。再生能源便是仰賴於過去長期的研究和開發，才使得如今能夠進入成本大幅降低的擴張階段。

（a）歷史的科技成長S曲線

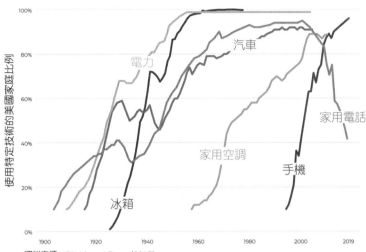

資料來源：Ritchie and Roser (2017).

（b）低碳技術S曲線發展現狀

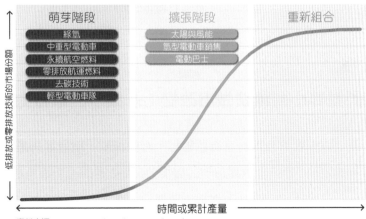

資料來源：Victor et al. (2019) and ETC (2020).

🌱圖 1-8 低碳技術的 S 曲線

▌未來的展望

不過，目前還有許多的低碳或減碳技術尚在最初期的萌芽階段緩慢發展中，因此現在行動的關鍵，應該是加強政府、企業對這些技術的開發和投入，採用 "Speed and Scale Up" 的策略，讓淨零轉型的速度更快、幅度更大，才能夠在升溫 1.5 ℃ 之前，讓更多潔淨科技投入實務使用。

任何轉型的過程都必然伴隨著痛苦及不方便，過去人類社會用慣了方便又便宜的煤炭、石油、天然氣，難免對於再生能源有著麻煩和昂貴的評價。然而，我們須謹記，過去的方便本就是超支地球資源才造就的產物，現在的改變只是盡我們所能地償還。在科技發達的現今，政府及企業也會透過發展潔淨科技，盡可能地減少轉型過程的痛苦，並協助弱勢族群適應這樣的改變。

我們並非小到無法做出改變：永續中的草根力量

長久以來社會大眾一直有個迷思，好像減碳、環保等只是企業和政府的責任，畢竟全世界每年的碳排放，大企業的占比總是最多。我從此刻開始改用環保杯、搭乘大眾運輸或多走路，這些小小的行動又能夠改變什麼呢？

你知道嗎？這樣的想法其實低估了一個人所能帶來的影響力。一個人過上極度環保的生活，確實無法改善多少的碳排量，不過一

個人小小的生活習慣，是會逐漸影響至身邊其他人的。你無法預料到，有多少人是因為社群、同儕間掀起環保杯熱潮，也想要跟風使用看看？又是否有人因為看到媒體報導海龜氣管插入吸管的照片、澳洲森林大火的新聞，深刻體會全球暖化和氣候變遷如何傷害地球？

氣候少女葛莉塔

　　葛莉塔‧童貝里 (Greta Thunberg) 是氣候變遷中最具有代表性的草根力量。葛莉塔自 8 歲時便意識到氣候變遷的存在，並為此感到憂慮。2018 年，瑞典遭遇空前的高溫熱浪，森林大火肆虐她的家鄉，她發現重視氣候變遷的議題這件事情再也無法拖延，於是當時還是國三學生的她，毅然決然地決定罷課以示抗議（圖 1–9），還創立了 "Fridays For Future" 這個口號。她所做的行為引起了當地學生的注意，最終成為了全球性的活動。

▼圖 1–9　葛莉塔舉著「為氣候而罷課」的標語

　　很多人認識這名來自瑞典的女孩，是因為在她 15 歲時登上第二十四屆聯合國氣候變化綱要公約締約國大會 (COP24) 進行發言，不過大眾不知道的是，在她還沒沒無聞時，就已經主導「為氣候罷課」的行動，激勵了全球各地的學生。在她進行罷課之前，或許曾聽過許多不看好的言論，告訴她不會有人把她當一回事、告訴她一切都是徒勞無功、告訴她有千千萬萬個類似的示威抗議最後都無疾而終。然而，她並未被這些話語影響，堅持表達出自己對氣候變遷的擔憂，最後成為了環保行動中具象徵性的代表人物。

　　葛莉塔在 COP24 上曾說過：「如果一群孩子罷課就能登上世界各地的頭條，那麼請想像當我們真正想一起做些什麼時，又可以帶來多大的影響呢？我們並非小到無法做出改變。」她在執行罷課行動時，或許從未想過自己的影響力能夠如此遠大，影響至全球各地，但最終她證明了一個人儘管力量有限，但影響力可能出乎想像。

　　無獨有偶，2012 年一群臺灣年輕人自發成立「臺灣青年氣候聯盟」，提出了校園永續化手冊、青年氣候培力指南等氣候政策研究，並每年派出臺灣的青年代表參與聯合國氣候變遷會議、發起氣候遊行，在在證明了青年實踐的力量。

▌我們都是淨零排放的重要推手

　　除了群體透過號召力來響應環保、影響社會外，我們個人也可以為地球盡一份心力。除了加強平常察覺暖化的敏感度之外，培養日常生活中的永續素養也是很重要的。像是喝飲料時不拿塑膠袋和

塑膠吸管，改用環保提袋與玻璃吸管；想買新衣時，花費 3 秒鐘想一下還有多少沒穿過的衣服；想搭計程車時，考慮一下改搭乘方便、省錢又同樣快速的捷運。這些日常生活習慣的小小改變，都是幫助人類達成淨零排放的一大步！

　　氣候變遷是人類社會從未面對過的重大挑戰。新冠肺炎雖然可怕，尚有疫苗能夠仰仗；但氣候變遷卻是一個完全不可逆的過程，而且影響可達數百年，更沒有環保疫苗或「清碳一號」能夠解決。在這個減碳刻不容緩的時刻，不論政府還是民間組織、不論群體還是個人、不論你還是我，都正扮演著關鍵的角色。國際組織和政府能夠領導環保政策的進行；科學家能夠發展減碳的全新技術；商人能夠尋求減碳在市場上的應用；社會科學家能夠關注減碳中的社會正義和公平，提供脆弱度較高的族群支持及保護。

　　在這個多面向的挑戰中，每個人都能找到自己能夠施力的位置。正如葛莉塔所說的：「只要我們真正想一起做些什麼，一定能夠帶來很大的影響！」

chapter 2

氣候變遷下的水質安全課題

講者｜臺灣大學環境與職業健康科學研究所教授　王根樹
彙整改寫｜林孟學

　　水，是人體每天的必需。但是數十年來，由於受到人類活動和自然災害的影響，許多水源的水質受到汙染。經常有新聞報導指出，水中殘留有各種對人體有害的物質，像是農藥、重金屬等，因此，很多人都很在意自己喝的水是不是乾淨的、有沒有被汙染，對於飲用水的品質一直抱持著擔憂和不安。

　　為了保障健康，也有不少人開始嚴正對待飲用水的安全，特別是每當房屋要裝潢、翻修時，「選一套理想的濾水系統」總是在待辦清單上靜靜地躺著；不僅要買，還要深思熟慮後購買，就怕平常喝的水中殘留有害物質。除此之外，市面上各種淨水器也不斷推陳出新，就為了讓民眾可以喝得方便又安心。

　　然而，讓許多人意想不到的是，除了新聞中常提醒的農藥、重金屬殘留外，飲用水中還可能殘留著我們不熟悉的「消毒副產物」，這是因為自來水廠在處理原水時，會使用消毒劑進行消毒，而這些消毒劑與水中的有機物質反應後，會產生新的化學物質，這些物質被認為具有潛在的致癌風險，逐漸成了民眾關注的焦點。

　　隨著氣候變遷的影響愈來愈明顯，全球的氣候型態都在發生變化，也導致水資源短缺和水質汙染的問題變得更加嚴重。氣候變遷可能會改變水源水質的特性，例如水溫上升、水質變得偏酸或偏鹼等等。這些變化可能會影響消毒劑和有機物質的反應過程，從而增加消毒副產物的生成量。

　　究竟什麼是「消毒副產物」？氣候變遷如何放大「消毒副產物」對我們生活的影響呢？攸關每個人健康的飲用水水質安全問題，政府和民眾個人又能夠採取什麼措施，防堵不同汙染物和「消毒副產物」的入侵，喝到安全又乾淨的水呢？

接二連三的飲用水汙染

　　在探討這些問題的答案之前，我們先來看看幾則與飲用水汙染有關的報導，瞭解在飲用水中可能存在哪些威脅人體的物質。

▌微囊藻毒素

　　1996 年 2 月，一則發生在巴西一個血液透析中心的事件震驚了全球。該事件導因於自 1990 年開始，水庫水源中藍綠菌（圖 2–1）的大量生長，釋放出的微囊藻毒素汙染了水源。不幸的是，這種毒素汙染了血液透析中心的用水，導致接受透析療程的 131 名患者中，有 116 人在接受血液透析後出現視力障礙、噁心、嘔吐和肌肉無力等症狀，其中 100 人引發了急性肝功能衰竭，最終 52 人因此毒素的汙染而死亡。這場慘劇讓人們意識到水源汙染的危險性，也迫使巴西政府加強水源的監控和治理，以確保公共水質的安全。

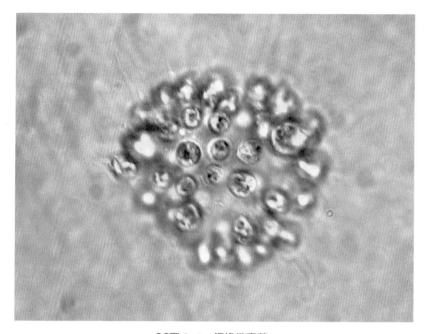

▼圖 2-1　銅綠微囊藻
一種生長於淡水中的藍綠菌，是我國水庫中常見的藻種。

▌隱孢子蟲

　　或許你覺得 1996 年巴西的微囊藻毒素事件距離我們有些遙遠，畢竟發生在我們不熟悉的開發中國家，淨水技術跟水質規範可能還不夠完善。那麼，我們再來看看一則發生於 1993 年美國威斯康辛州密爾瓦基 (Milwaukee) 的報導。當時，密爾瓦基已經是一個現代化城市，擁有超過 100 萬居民，飲用水管理制度也相對完善，但即使如此，飲用水的安全仍然驚人地脆弱。

　　在幾場暴雨過後，湖泊、河流和水庫的水位急速上漲，水中的

有機物質也因為暴雨沖刷而增加，這為隱孢子蟲的大量生長提供了條件。儘管當時已經採用了系統化的淨水技術，但密爾瓦基的自來水廠仍然無法利用氯消毒有效地去除隱孢子蟲這類的原生生物，因此有許多市民飲用含有隱孢子蟲的自來水，導致了大量的腹瀉病例，大約有 40 萬人受到感染，69 人不幸喪生。最終，自來水廠採用了高級處理技術和更加嚴格的監管措施，才控制住這場疫情的擴散，後續又花費大約 9,000 萬美金的費用更新淨水設施。

　　事實上，至今在美國許多地區，每到夏季還是可能聽到零星的病例，在戲水的過程中，不慎接觸或喝入帶有隱孢子蟲或其他致病微生物的水，而導致腹瀉、噁心或嘔吐的症狀。

▎大腸桿菌 O157

　　最後，我們來看看一則報導，關於 2000 年發生在加拿大安大略渥太華的事件。相較於 1993 年密爾瓦基的事件，渥太華僅僅是經歷了一場暴雨，自來水系統就遭到了大腸桿菌汙染，尤其不幸的是，所汙染的菌種是少數會致命的大腸桿菌 O157。當時，自來水廠的消毒作業出現了失誤，可能是因為工作人員沒有按照規定操作設備，導致消毒程序無法有效地清除大腸桿菌。同時，因為自來水廠的管理疏忽，沒有及時告知民眾應先煮沸飲用水後再飲用，因而導致直接飲用自來水的民眾有大約 2,000 人感染，其中 5 人不幸死亡。這是一場天災加上人禍導致的悲劇，也讓政府與自來水廠受到嚴厲的批評與檢討。

　　從這些例子中，我們可以看到飲用水汙染是一個很嚴重的問題，而且很難透過科技或管理完全消弭。相反地，隨著全球極端氣候變化，飲用水汙染問題可能更加嚴重。你可能已經注意到幾個關鍵字：「藍綠菌」、「暴雨」、「有機物質」以及「毒／蟲／菌」，再聯想到「氣候變遷」這四個字，揭示了飲用水汙染背後的潛在危機：極端天氣帶來暴雨與乾旱導致水源受到汙染或排水系統失靈，水中有機物質增加，進而導致水中微生物或毒素對人類健康的威脅不斷增加。

飲用水的消毒措施

　　一直以來，為了預防水媒傳染病，自來水廠會對來自集水區的原水進行繁複的處理程序，讓原水經過混凝、沉澱、過濾以及消毒，使出水水質符合特定的標準後，才能作為飲用水進入配水系統，輸送到用戶提供使用。

加氯消毒

　　臺灣的自來水廠主要使用氯來消毒，以殺死水中的細菌與病毒。氯氣 (Cl_2) 或次氯酸鈉 (NaOCl) 等消毒劑溶在水中會生成次氯酸 (HOCl)，這是一種弱酸，也是一種小分子的強氧化劑。它能與細菌反應並氧化細菌內部的蛋白質，同時也能氧化病毒的蛋白質與核酸，進而破壞細菌與病毒的結構，來消滅它們或讓它們失去活性。

　　但是，加氯消毒也會產生一些問題。首先，不是所有細菌或病毒都會受到氯的影響，對於某些特別頑強的細菌與病毒，氯需要一定的時間才能對它們起作用。舉例來說，以游泳池水中的氯濃度（例如每公升水中含有 1～3 毫克的氯）為參考，大腸桿菌在游泳池水中不到 1 分鐘就會死亡，A 型肝炎病毒則需要 16 分鐘，而造成 1993 年密爾瓦基疫情的罪魁禍首 「隱孢子蟲」，則需要持續接觸氯超過 10.6 天才會死亡。這也是當時密爾瓦基的自來水廠來不及應對的原因之一：就算在暴雨後的當下立刻提高氯的濃度，其消毒力道也不足以在短時間內完全消滅濃度驟然提高的隱孢子蟲，只有使用高級處理技術（例如臭氧消毒）或者將水煮沸才能有效消毒。

　　其次，水溫上升也會影響氯的消毒效果。隨著水溫的上升，雖然次氯酸消毒速率會提升，但次氯酸也更容易隨著蒸氣揮發，導致殺菌效果降低。同時，水中含有的有機物質增加，釋出磷與氮，造成藻類過度生長，並可能產生微囊藻毒素。對於微囊藻毒素或類似的藻毒素，也需要較高的氯濃度才能有效去除。

　　為了預防水媒傳染病，行政院環境保護署現行的《飲用水水質標準》，特別規範飲用水必須符合的水質標準。舉例來說，《飲用水水質標準》就針對大腸桿菌群與水中的總菌落數[1] 訂定了安全限量標準。此外，《飲用水水質標準》中要求飲用水中有一定程度的氯殘

---

[1] 各種細菌（包括致病菌、有益菌和其他細菌）的總量。

留（這些氯又稱為「餘氯」），這樣在配水的過程中，餘氯能夠延續消毒的效果，避免水管或貯水槽中的微生物再生或汙染。

▎加氯消毒的極限

相對於其他消毒方法，加氯消毒是一種相對廉價的方法，而且在現有技術中，對於水中氯含量的控制更加單純且易於操作。此外，加氯消毒已經被廣泛應用於飲用水處理、公共用水消毒等領域，是經過豐富實踐且相對可靠的方法。

然而，氯在水中不僅會形成次氯酸，殺死細菌與病毒，還會與水中的有機物質發生反應。這些有機物質可能來自各種汙染源，如植物殘骸、農業和工業排放物等。當氯與水中的有機物質反應，可能會生成一些有害物質，如三鹵甲烷、鹵乙酸或氯酚等，這些物質被稱為「消毒副產物」，並被認為具有潛在的致癌風險。舉例來說，曾有動物實驗表明，高濃度的三鹵甲烷與罹患膀胱癌和大腸癌的風險有關；此外，根據一些流行病學調查，三鹵甲烷濃度超過一定數值，會明顯增加孕婦自發性流產和新生兒體重偏低的風險。

因此，在消毒過程中，不能只是一味地提高氯的濃度，還要避免飲用水中的有機物質與餘氯反應產生上述的有害物質。

▎氣候變遷衍生的消毒問題

除此之外，氣候變遷導致的氣溫與降雨量變化，也給飲用水安全帶來不少隱患。舉例來說，高溫、極端乾旱以及暴雨都可能影響

水中的有機物質分布和濃度，導致汙染物種類和濃度發生變化。

　　首先，高溫導致的水溫上升會降低氧氣在水中的溶解度。氧氣在水中可以促進好氧微生物的生物分解作用，分解某些有害物質，來降低或消除它們的毒性，因此水中的溶氧下降，也意味著水汙染的惡化及水中有害物質殘留增加的問題。

　　其次，水溫上升會刺激水中的微生物活動，加快它們的代謝，進而分解或釋放出更多有機物質。舉例來說，如前面的章節中所述，水體中磷、氮濃度的增加結合水溫上升，會引起藻類大量生長，產生異臭味或藻毒釋出問題；而這些藻類在死亡後，又會分解並釋放出更多的有機物質。因此，水中的有機物質在這個過程中不斷累積，提高淨水過程中消毒副產物生成的風險。

　　此外，極端乾旱與暴雨也會對水中有機物質的濃度造成明顯的影響。舉例來說；在乾旱期間，由於水源流動性降低，各類汙染物在地表中逐漸累積。到了雨季，暴雨的沖刷會將這些高濃度的汙染物質沖入水源中，導致原水中汙染物質的濃度在乾溼季交替時有極大的落差。

　　由此可見，為了確保自來水品質的穩定和安全，自來水廠需要加強對水質的檢測和控制。進一步來說，自來水廠可以提升消毒系統的應變能力和水處理設備的負載量，根據水源水質的變化調整處理流程和消毒劑的使用方式，例如選擇使用不同種類的消毒劑、調整消毒劑的添加量和反應時間等，以滿足不同原水水質的消毒要求，並確保消毒系統能夠應對高峰時期的需求。如此一來，才能夠及時

調整氯或其他消毒劑的添加量，以確保在強化消毒和殺菌效果的同時，避免消毒副產物的過度生成。

▌海水入侵的推波助瀾

　　除了氣候變遷之外，臺灣也面臨著海島國家特有的危機：海水入侵。海水入侵是指海水進入地下水或淡水的現象，在臺灣西部地區，由於長期超抽地下水與海平面上升等因素的影響，許多沿海城市都面臨著海水入侵的問題，而海水中所含有的溴離子、碘離子也會影響到消毒副產物的生成。

　　正如前面的段落所述，常見的一種消毒副產物為「三鹵甲烷」，這種化合物是甲烷 (CH_4) 的三個氫被鹵素所取代而成的化合物。鹵素包括氯 (Cl)、溴 (Br)、碘 (I) 等，其中，最常見的三鹵甲烷包括氯仿 ($CHCl_3$)、一溴二氯甲烷 ($CHBrCl_2$)、二溴一氯甲烷 ($CHBr_2Cl$) 以及溴仿 ($CHBr_3$)。

　　一般來說，自來水中的溴、碘的含量並不高，相較於氯來說要低得多。然而，在海水入侵的情況下，海水中的溴離子、碘離子可能會混入自來水水源中，尤其是溴離子的存在更會促進一溴二氯甲烷、二溴一氯甲烷以及溴仿等常見三鹵甲烷的產生。由於含溴或含碘的消毒副產物毒性高於含氯的消毒副產物，其對水質安全的影響必須加以注意。

臺灣水質監測的實際案例

　　看到這，相信你也感覺到極端氣候的影響讓飲用水的消毒變得更加複雜、困難了。可是，究竟在臺灣的水源中，細菌、有機物質、藻類這些物質實際上是如何增加或減少的呢？讓我們一起來看看高雄高屏溪的實際狀況。

▌高雄高屏溪一年中的水質變化

　　首先，我們先來瞭解高屏溪的氣候條件。根據水利署第七河川局的資料，高屏溪流域位於熱帶氣候區，1 月分氣溫最低，而 7 月分氣溫最高。在高屏溪流域，乾季與雨季的區別非常明顯，每年 5 月至 10 月期間，受到西南季風、颱風以及雷陣雨的影響，降雨量約占全年降雨量的 82%。

　　因此，根據 2005 年高屏溪甲仙水質監測站的水質監測數據顯示，當氣溫較高時，7 月分與 8 月分的大腸桿菌群相較於其他月分有明顯地增加，如圖 2-2 中所示。為了加強消毒效果，自來水廠添加了更多的氯以維持配水系統的餘氯濃度。然而，添加氯之後，雖然增加了殺菌效果，但也有更多氯與有機物質反應產生三鹵甲烷，

因此三鹵甲烷的濃度也明顯增高，如圖 2-3 中所示。雖然在飲用水出廠時，顯示水中的餘氯控制在標準範圍內，但還是可以觀察到配水系統中三鹵甲烷的濃度上升。

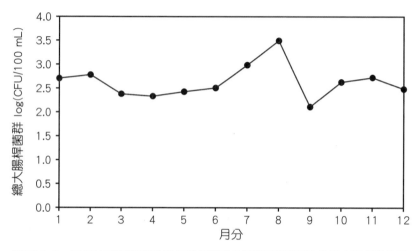

▼圖 2-2　2005 年高雄縣甲仙監測站每個月分量測到高屏溪上游總大腸菌群數量
單位為每 100 毫升中所含的菌落形成單位 (colony-forming unit, CFU)。

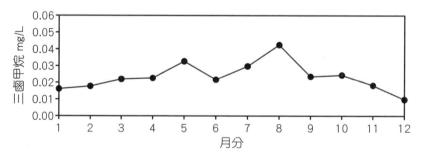

▼圖 2-3　2005 年高雄市配水系統中每個月分測量到的三鹵甲烷濃度
單位為每公升中所含的毫克數 (mg/L)。

　　同時，如圖 2-3 中所示，配水系統中還存在著另一個三鹵甲烷濃度的高峰期：5 月分。由於 5 月分水溫開始上升，日照也足夠，正好提供藻類合適的生長條件，水中的有機物質含量隨之上升，也導致三鹵甲烷濃度增高。但由於在自來水消毒過程中，氯的添加量並未顯著提高，所以三鹵甲烷濃度增加的程度不及 7 月分與 8 月分來得明顯。

　　從這些數據可以看出，水中微生物菌群濃度的變化，在不同溫度與水質條件下，會影響自來水廠的消毒作業和三鹵甲烷生成量。

自來水廠面臨的挑戰

　　目前為止，飲用水水質標準主要針對致病微生物和三鹵甲烷等會危害人體健康的汙染物設定安全標準，但是卻缺乏對水中有機物質含量的檢測要求。如前所述，有機物質的含量也是會明顯影響三鹵甲烷濃度的重要因素，因此對於不同地區的水源，飲用水水質標準需要因應當地水源的水質特徵和水質要求加以制定。

　　舉例來說，對於可能存在汙染源或有機物質含量高的水源，像是可能發生藻華現象的水域，就需要提高監測頻率，甚至增加監測的水質項目，以確保水質中的有機物質、微量汙染物、細菌或病毒等都能符合安全標準。

▌多重屏障概念

　　在面對氣候變遷所帶來的飲用水水質挑戰時，「多重屏障概念」(multiple barrier concept) 逐漸受到重視。所謂的「多重屏障概念」指的是在供水系統從水源到用戶端水龍頭出水的過程中，採取多項措施與防護，以確保飲用水的安全和品質。進一步來說，這些措施與防護可以分為「水源保護」、「多重水處理」以及「配水系統保護」三個階段，如圖 2-4 中所示。

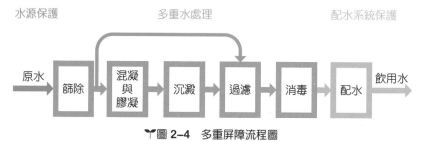

￥圖 2-4　多重屏障流程圖

「多重屏障概念」可以分為「水源保護」、「多重水處理」以及「配水系統保護」三個階段。

　　首先，「水源保護」的主要目的是保護原水不受汙染，這包括限制人類和動物在水源附近的活動、控制土地利用和汙染源等，以避免類似文章開頭所提到的事件發生。值得注意的是，在氣候變遷的影響下，暴雨跟高溫會更大程度地影響原水的水質，因此「水源保護」的重要性正逐漸增加。

　　其次，「多重水處理」大致包括「混凝」、「沉澱」、「過濾」以及「消毒」。「混凝」與「沉澱」主要是針對原水進行預處理，例如加入明礬等化學藥劑，讓水中的雜質與有機物質更易於形成膠羽

(floc)，再加以分離與沉澱去除。「過濾」的步驟則是進一步去除無法完全沉澱的膠羽，減少濁度，讓水體更為清澈。接著，「消毒」則包括了前面的章節中所提到的加氯消毒或使用其他消毒劑，以去除水中的細菌與病毒。

　　最後，「配水系統保護」則是維持配水管網的完整性，保護自來水供應系統免受汙染或損壞。這些措施包括監測任何潛在的安全問題，以確保配水系統的供水安全與可靠性，好讓符合水質標準的飲用水可以安全地運送到每個用戶手中。

▎自來水事業單位的角色

　　在「多重屏障概念」下，為了確保飲用水的水質安全，需要「集水區」、「水庫」以及「自來水廠」等管理單位之間的角色分工。

　　首先，「集水區」的相關管理單位在「水源保護」方面扮演著重要的角色。集水區是水流匯集的地方，這個區域內的生態系統跟土地使用方式會直接影響到自來水原水的品質。因此，需要集水區的管理機構定期監測水質和水量的變化，並且通過保護植被、森林以及土壤，來維護水源區生態系統完整性，避免人類活動與汙染物對水源造成影響。

　　其次是「水庫」。水庫的角色承擔了「蓄水備用」以及「水源保護」的雙重任務，負責蓄積豐水期的雨水、河川水，留待缺水期使用，因此與集水區相似，也需要維護水庫周圍的生態系統與土地使用方式。此外，水庫可以通過調節蓄水、洩洪等方式，維持水源的

穩定供應，同時也可以藉由調整水庫排水的方式，排放水庫底部沉積的淤泥，維護水庫的壽命及水質。

最後，則是「自來水廠」以及相關的政府單位與機構需要負責及管理的「多重水處理」，並監督、管理與「配水系統保護」相關的措施，以維護自來水用戶的水質安全。例如，《飲用水水質標準》就是自來水廠對經過淨水處理後，進入配水系統的飲用水所需達到的檢驗標準。此外，針對餘氯的標準限量值，也是為了讓飲用水在配水系統中，不會因為配水管與貯水槽的汙染而再有微生物孳生的問題。當然，相關的政府單位與機構也需要負責定期宣導水質安全、維護與清潔水管、蓄水池、貯水槽等設施，防止配水系統及用戶用水設備積存有害物質。

▌集水區整體流域管理

就目前臺灣的水質管理方式而言，如果集水區的生態環境得不到完善的保護，自來水廠就必須實施應變措施來因應突發的水質安全問題。然而，雖然自來水廠可以採取不同程度的措施來應對集水區生態環境保護不良所帶來的影響，但其實最有效的方法仍是加強集水區的生態保護，減少極端氣候事件引發的供水問題，並防止汙染物進入原水，以減少自來水廠的處理負荷和風險。

舉例來說，集水區整體流域管理就是針對一個特定的水系，比如一條河或一個湖泊，結合它的水文、生態、地理等特點，去做全

面的管理和規劃，從而實現永續發展的目標。除了前述提到的對集水區的多方面監測，並根據監測結果調整管理策略之外，強化汙染管控也是重要的一環。例如，對周遭的農戶、工廠建立汙染物排放標準、發放排放許可證、監測排放情況等。近年來，政府也開始進一步推廣有機耕作和生態農業，減少使用化肥、農藥，以降低農業發展對水源造成的潛在汙染。

　　當然，要徹底執行集水區整體流域管理，也需要各政府單位、機構之間互相配合。首先，地方政府是實施流域管理的主要單位，負責監督與協調各類行政機關、企業、團體等，依照水土保持、土地使用等相關法規進行管理；其次，水利單位與環保單位負責集水區的規劃與汙染防治工作；最後，農業單位、林業單位以及土地單位負責實際執行對水源與土地的利用與管理。

▎翡翠水庫的案例

　　目前為止，臺灣集水能力相對穩定的水庫為翡翠水庫。翡翠水庫占有絕佳的地理位置，因為它的集水區主要位於中央山脈的山區，那地區面積廣大且地勢落差大，能夠有效地蓄積雨水和河水。

　　此外，相關管理單位實施了完善的措施，保護翡翠水庫集水區的植被，藉以減緩雨水流失速度，增加集水區的水源量，並且定期巡查與檢測集水區水質，實施防火措施、護林治山等，維護集水區的生態環境、水源安全。

＊圖 2-5　翡翠水庫的俯瞰圖

極端氣候下的水資源缺乏

　　瞭解了機關單位可以如何協調合作來確保飲用水安全後，我們還需要思考一個目前世界各國都在面臨的危機：水資源缺乏。

▍有限的淡水資源

　　地球上水的總體循環過程包括從海洋、陸地、大氣層等地方蒸

發、昇華形成水蒸氣，然後在大氣層中藉由雲的型式移動，再通過降雨、降雪回到地面或河流，最後匯聚流回海洋的過程。

在水的循環過程中，水通過降雨、滲入地下水、流入河流湖泊等途徑進入到植被和土壤中，形成水環境生態系統。其中，只有一部分的淡水可以被人類使用，大約僅占全球水量的 2.5%，而這 2.5% 當中，又有大部分凍結在極地和高山地區的冰川中，再扣除深層地下水等不易開發利用的淡水資源，以及供給農業發展、工業生產的用水，實際上能提供於民生用途的水量僅占可用水量的一小部分。

▍日漸稀少的淡水

從 1950 年代以來，隨著科技與經濟發展，全球人口增加，人均用水量也在隨著生活水準的提升而增加。此外，在過去幾年新冠肺炎疫情的影響下，公共衛生相關的用水也有明顯的增加。因此，不同用途之間的水資源需求也愈來愈容易衝突。

根據聯合國估計，到 2025 年，大概有 48 個國家會面臨供水短缺的問題，其中，有 19 國是面臨「用水壓力」(water-stressed)，這意味著每年提供給每個人的用水量只有 1,000～1,700 立方公尺之間；另外，有 29 國會面臨「缺水」(water-scarce) 問題，每年人均供水量不到 1,000 立方公尺。根據粗估，受到影響的人口大概有 28 億。而到了 2050 年，在預估全球人口會增加到 100 億的情況下，聯合國預估將有 54 個國家會面臨缺水，受到影響的人數大概有 40 億，也就是 2050 年預估世界人口的 40%。

▌氣候變遷把淡水變去哪了

除了用水需求大增導致供水量緊縮的壓力外，氣候變遷也讓淡水資源的取得變得高深莫測。這是因為極端高溫使得水蒸氣在空中停留的時間變長，大量水蒸氣累積，在大氣中受到高低氣壓的驅使，沿著帶狀區域流動，就像位於大氣中的河流一樣，這種現象稱為「大氣河流」(atmospheric river)。

當大氣河流流動到相對低溫處，水蒸氣就會凝結，形成暴雨降下。但隨著氣候變遷，各地溫度變化走向兩極，讓大氣河流的範圍不斷擴大，也導致天氣預報更難預測到大氣河流的降雨地點，進而影響集水區、水庫以及自來水廠位置的規劃。此外，暴雨所帶來的水質問題，也大大降低了這些降水的可利用性。

▌中水再利用

在這樣的情況下，乾淨的淡水資源必須要「用在刀口上」，這意味著淡水資源不僅需要縝密的管理和利用，更需要透過再生水利用技術，來確保淡水資源的補充可以趕得上人類的需求。

舉例來說，近年來，「中水再利用」的概念正在逐漸普及。在前面的段落中，我們談的主要為飲用水資源，這些經過自來水廠處理並消毒後配送出來的自來水，都是符合《飲用水水質標準》的用水。然而，我們生活所使用的水並不一定隨時都要這麼「乾淨」，相反地，藉由中水再利用，將工業廢水或生活汙水經過處理與淨化後，重新投入使用，可以更加充分地運用水資源。

　　一般來說，「中水再利用」分為「工業中水再利用」與「城市中水再利用」。在工業中水再利用方面，臺灣已經有不少企業開始實施，例如台積電、日月光以及華碩電腦等，將回收的中水應用於製程再利用或園藝用水等；此外，工研院和經濟部工業局也在積極推動工業中水再利用的技術和產業化。在城市中水再利用方面，許多縣市政府已經開始推動中水再利用，例如利用經汙水處理廠處理後的放流水，或河川汙染物濃度較低的水源經過初步的淨化處理後，用於公園澆灌、街道綠化、街道清洗等用途。

　　「中水再利用」的系統可以獨立於自來水系統，進行小區域的汙水收集，然後就近處理、回收使用。如此一來，可以減低自來水廠的淨水負荷，也可以大大減少汙水輸送所耗費的資源。

我們可以做什麼

　　除了機關單位需要彼此配合協調，我們個人可以在哪些方面確保飲用水的安全呢？讓我們一起來看看！

▌個人的飲用水安全

　　首先，針對個人的飲用水安全，我們可以在家中自行安裝淨水器，來減少暴露在汙染物下的風險。舉例來說，裝設活性碳濾水器可以利用活性碳的吸附力，去除水中的雜質、氯氣等物質；或者，

可以藉由短暫將水煮沸，去除水中的揮發性汙染物，如三鹵甲烷。

此外，由於暴雨後會影響原水中的有機物質，因此我們可以在暴雨、颱風來臨前儲備足夠的自來水，以在自來水廠確認水質恢復穩定前使用。並且，在暴雨後，我們要盡可能避免直接飲用、接觸自來水，如果事先儲備的自來水不足，則需要經過額外的過濾與煮沸，才能使用自來水，以免暴雨後原水中的濁度及有機物質暴增，導致自來水中病原體與消毒副產物的殘留。

▎對政府與企業的監督

其次，為了督促政府提高對「集水區整體流域管理」與「多重屏障概念」的執行力，民眾可以透過參與公眾運動、民間組織或環保團體等，監督政府的規劃與調度，也可以透過在社群媒體或其他平臺上提倡，讓周遭人對集水區的環境保護和生態保育意識提高。

最後，我們也可以透過消費習慣的改變來實現對企業的監督。舉例來說，我們可以避免到位於水源區附近，有可能造成水源汙染的露營區、民宿或其他活動場地消費，也可以購買積極推動永續水資源利用的企業的產品或服務，例如支持正在實施中水再利用的企業。

總括來說，水質安全需要各界的努力，也需要長遠的規劃與改革。我們可以從個人健康出發，持續關注相關部門與媒體，在逐步瞭解飲用水安全的過程中，也藉由消費習慣與公眾運動，來表達自己的意見與立場，促使政府與企業改善水質管理。

chapter 3

談糧食安全與營養安全

講者｜中央研究院經濟研究所研究員　張靜貞

半數永續發展目標的核心

十八世紀末，工業革命的炬火熊熊燃起，化石燃料轉化成龐大能量推動機械，大量生產來滿足快速都市化下消費者食衣住行育樂的龐大需求，卻也釋放大量二氧化碳到大氣中，使地球在兩百年來不斷升溫，自然資源日漸耗盡。有鑑於此，聯合國在 2015 年提出 17 項永續發展目標，希望在 2030 年前，共同解決飢餓、氣候變遷和城市永續等問題。

「終止飢餓」 (zero hunger) 是聯合國 17 項永續發展目標的第 2 項，旨在 2030 年前消除飢餓、實現糧食安全 (food security)、改善營養狀況和促進永續農業。造成飢餓、糧食安全惡化的主要原因包括戰爭、貧窮、所得不均、極端氣候、環境惡化等天災人禍。聯合國 17 項永續發展目標超過一半以上皆與糧食安全及營養安全 (nutrition security) 有關。飢餓的問題不僅存在於鄉村、開發中國家，也常常在城市、已開發國家出現，俗話說「朱門酒肉臭，路有凍死骨」、「不患寡，而患不均」即是這個道理。

本文將帶大家認識糧食安全和營養安全的概念。不過在介紹之前，先跟大家談談農業發展的四大主要趨勢，這是欲瞭解終止飢餓、糧食安全和營養安全等概念所必須有的基本視野 (perspective)。

農業發展的四大趨勢

▌快速工業化與都市化

想必大家都聽過十五世紀印加帝國在祕魯高原留下的遺址——「印加失落之城」馬丘比丘吧（圖 3-1）！該城建於海拔約 2,400 公尺的山頂上，與世隔絕，幾乎沒有對外貿易往來。在當時的馬丘比丘，生產者即是消費者，沒有糧食供應鏈的外援，在地生產決定一切，也因此「供給創造需求」，糧食完全自給自足，為一典型的「生產型農業」社會。就當時的馬丘比丘而言，糧食安全當然等同糧食自給率。

🌱圖 3-1　位於祕魯高原的馬丘比丘遺址

隨著快速的工業化和都市化，城市與鄉村的差異愈來愈大，也導致農業和產業結構急遽改變，城鄉間的食農供應鏈或價值鏈愈來愈長，糧食在鄉村被生產後，經過一長串複雜且分工精細的供應鏈，被轉運到都市，最終出現在消費者餐桌上。當鄉村居民往都市大量遷徙，都市人口日益增加，為確保都市的糧食安全，食農供應鏈從業人員間的分工合作就更加重要。

以現代化的臺北市為例，來看看這糧食安全尺規的另一端。隨著臺灣急速的工業化與都市化，臺北市已成為一典型的農產品消費市場，其糧食供應來自四面八方的國內外貿易，透過冗長的國內及全球糧食供應鏈，讓臺北市民無糧食安全之虞。此時的臺北市民是糧食的消費者而非生產者，但卻引導著中南部農漁民的生產活動，即是「需求創造供給」。眾所周知，臺北市的糧食自給率幾乎為零，但卻沒有市民會憂心臺北市的糧食安全。也就是說，此時的臺北市，糧食安全絕非等同糧食自給率。這時候的農業已由「生產型農業」轉型蛻變為「食農供應鏈農業」。

食農供應鏈涵蓋上游、中游和下游，上游涉及的範圍包括種苗、肥料和農藥等行業，中游包括分級包裝、冷鏈物流、食品加工和品牌行銷等創造附加價值的中間商，下游則諸如量販、超市、便利商店和餐廳等。隨著快速都市化，整條食農供應鏈涉及許多農業以外的工商和服務部門。都市化同時帶來許多商機，像是農產品商品化和服務專業化，使整條產銷供應鏈的農外所得增加。

　　農經專家李前總統登輝先生在其 1980 年所著 《臺灣農業發展的經濟分析》自序道:「隨著經濟的持續成長,工商及服務部門所提供的就業機會日漸增多,使農民普遍在農場外獲得兼業工作,因而增加農家所得。就農工(商)部門關係而言,農家農外所得的增加,可視作經濟發展的一種指標。尤其值得重視的,小農戶農外所得的提高,對改善所得分配有顯著貢獻。」以臺灣 2018 年平均每戶農家所得的 1,099,324 元為例,當年的農外所得為 838,595 元,占 76%,超過四分之三。

▌商品化與消費者飲食嗜好的改變

　　在消費者至上的理念下,農產品的商品化是透過產銷供應鏈由農民的「產品」變成消費者所需要的「商品」,創造了許多附加價值與就業。像是日本宮崎縣在雪地搭建溫室栽種矮化的芒果,透過嚴格的管理,打造出一盒(兩顆)拍賣價近 2,500 美元的芒果 「太陽之子」(圖 3–2)。

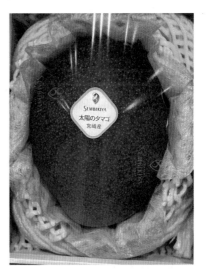

🌱圖 3–2　日本宮崎縣生產的「太陽之子」芒果

　　另外，消費者飲食嗜好的改變也不容忽視，像臺灣國民過去從「米為主食」轉變為「米麵共食」，到現在的「麵為主食」。國人每人每年白米消費量由六十多年前的 140 公斤逐年下降，至今只剩 45 公斤而已。根據農委會糧食供需年報，民國 100 年國內小麥消費量為 136 萬公噸，首次超過稻米的消費量 125 萬公噸，且此趨勢不變，迄今國內小麥消費量年年超過稻米消費量。另外，在政府高額稻米保價收購的補助下，稻米年年嚴重生產過剩，造成嚴重的糧食損耗與食物浪費。過去馬丘比丘的「供給創造需求」農業經營模式已被由下而上的「需求創造供給」供應鏈經營模式所取代，「食農供應鏈農業」的生產當然不能以不變應萬變，應該隨著消費者飲食嗜好的改變而調整。

全球化

　　在農產品商品化的大趨勢下，國內食農供應鏈與國際接軌，國際農產貿易成為因應氣候變遷，確保糧食安全的重要調適策略。加入世界貿易組織 (WTO)，進一步與友邦簽署自由貿易協定，均會大幅降低農產品關稅貿易障礙，不過，取而代之的是非關稅貿易障礙的擴大，例如「食品安全檢驗與動植物防疫檢疫」(Sanitary and Phytosanitary, SPS) 措施，影響「農產品」的進出口貿易。其實，國際貿易除了商品貿易外，還包括服務貿易。食農供應鏈上游的種苗、肥料和農藥等原料投入，中游的分級包裝、冷鏈倉儲物流、食品加工和品牌行銷等設備與技術服務，及下游的量販、超市、便利商店

和餐廳等設備與技術服務,均可以進行投資與「中間財」進出口貿易,賺取外匯,創造就業,也可避開農產品(「終端財」)的非關稅貿易障礙。

　　早在 2013 年,日本首相安倍晉三就特別提出「進攻的農林水產業」,強調日本農業的虛弱體質需要改變,從防守轉變為攻擊。所推出的策略除了農林水產品的品牌化、農業公共建設預算增加、獎勵稻田轉作飼料米以提高飼料自給率外,還特別建立「全球食品價值鏈戰略」,以發揮日本食品加工產業的優勢,並透過智慧型服務輸出及海外投資,大幅創造貿易夥伴國家從生產至消費端「中間財」(而不只是「終端財」農產品)的附加價值,包括:提供農場所需之抗旱抗冷品種、資通訊、植物工廠等技術,加工所需之設備與品管技術,運銷物流所需的高端冷鏈、溫控及保鮮技術,乃至日式餐廳及百貨公司之服務技術。從早期的 Made in Japan (日本國製造) 及 Made by Japan (日本企業製造),提升擴大至 Made with Japan (與日本共同製造),讓利害關係人共享所創造的附加價值。

　　臺灣在農業及食品加工業方面不妨借鏡日本進攻型戰略,加強食農供應鏈「中間財」(而不只是「終端財」農產品)的出口,並進一步掌握製造業臺商轉型需求,與我國有意輸出的服務業者合作建立公私夥伴關係,在海外充分發揮臺灣農業在熱帶與亞熱帶科技及食品加工科技的優勢,創造智慧型服務的全球新價值鏈農業,Made with Taiwan,讓臺灣美食及農產品的魅力行銷全世界。

▌與科技結合的農業轉型

在市場經濟的運作下，「農業」的定義與範疇就像變形金剛似的，由「生產型」農業先轉型為「食農供應鏈型」農業，再轉型升級為「生命科學型」農業。

當農業由「生產型」農業轉型為「食農供應鏈型」農業，此時的利害關係人包括上游的農業機械、種畜育苗、肥料農藥、金融保險，中游的冷鏈倉儲、食品加工，下游的批發零售、量販超市、餐廳等業者以及消費者。透過供應鏈或價值鏈的整合，以消費者需求為導向，「需求創造供給」，「農產品」升級為「商品」，沿著食農供應鏈的每個節點，創造許多附加價值及農場外的就業機會。

當農業由「食農供應鏈型」農業再次轉型升級為「生命科學型」農業時，此時的生物科技包括抗旱抗逆境的基因轉殖 (GM) 或基因編輯產品，應用營養基因體學來整合個人消費嗜好、基因及健康的客製化方案，奈米科技應用在農業生產、食品加工及包材、食品添加物等，還有人造肉的研發與商業化應用等。「生命科學型」農業創造的附加價值更高，雖在土地與水資源的利用極度節省，但反而更需要龐大資金與知識管理的挹注。超級城邦的新加坡，伴隨著早年的離農離牧，其農業領航路徑就是一個科技轉型兼顧製造業、服務業及城鄉發展的最佳範例。誰說經濟發展必須滅農！

糧食安全與糧食自給率

▌全球糧食安全指標

　　談完上述的農業發展四大趨勢後，現在就來談聯合國永續發展目標中的消除飢餓和糧食安全。聯合國對糧食安全下的定義是：「任何人在任何時間都可以在實質和經濟上取得足夠、安全和營養的食物，以滿足其飲食習慣和偏好，而健康有活力地生活」。

　　眾所周知，2008 年是國際社會大家所公認的糧食危機年，那年臺灣的「糧食自給率」相當低，為 32.2%，但我們既沒看到國內民眾瘋狂搶購存糧，或像中美洲的海地因糧食危機而暴動，導致總理被罷黜的結果；也沒有如菲律賓、喀麥隆、埃及、印尼、象牙海岸、莫三比克和塞內加爾等，發生不同程度的民眾抗議事件；而當年（2008 年）聯合國糧農組織於羅馬高峰會議所列出的 22 個糧食危機國家中，也沒有臺灣。由此顯示，「糧食自給率」這個指標並無法正確展現一國的糧食安全狀況與程度。

　　經濟學人雜誌社所編「全球糧食安全指標」係根據聯合國糧食安全的定義所建構的指標系統，具簡單、完整及透明等特性，相當值得我們參考。該指標系統係先由聯合國相關統計資料計算 58 個指數後，再匯總成四大指標建構而成，可將全球 113 個國家做排序。

此四大指標為：

1. 是否買得起：包括消費者購買糧食的能力、對糧食價格衝擊的反應，以及當衝擊發生時，該國政策如何維持消費者的需求等指數。

2. 是否供應得起：包括糧食供給的足夠性、供給不足的風險、國家運送食物的能力、農業研發的公共支出，以及農業基礎建設等指數。「糧食自給率」為其中一項。

3. 營養是否足夠及是否安全：包括飲食的種類與攝取營養量，以及農糧產品的安全性等指數。

4. 自然資源與韌性的維護是否良好。

臺灣因非聯合國會員，不在此「全球糧食安全指標」排序裡面。不過，最近根據「全球糧食安全指標」系統的計算公式，將臺灣相關統計資料納入，計算得出臺灣的排名為第 23 名，遠比前面所述，2008 年發生民眾抗議或暴動事件的諸國之排序還要前面，不過比日本及韓國要落後一些。此跨國排序似乎與國際糧食安全學者、專家的看法一致。

過時的指標：糧食自給率

至於何謂「糧食自給率」？它指的是國內消費的糧食占國內生產供應的比例，不過糧食自給率並不能作為檢驗糧食安全的唯一指標，還必須考慮整條生產鏈上中下游所牽涉的各個角色。經濟學人雜誌社所編的糧食安全指標，強調從上中下游乃至消費者的整個糧食供

應鏈的角度來衡量一國的糧食安全；而傳統的「糧食自給率」指標僅從上游生產者（農漁民）的角度來衡量，有失偏頗，且不合時宜。

像馬丘比丘這樣的封閉式自給自足農村社會，糧食安全等同糧食自給率；但像新加坡、臺北、東京等大都會，糧食安全就不等同糧食自給率，還可靠糧食進口。以新加坡為例，其糧食自給率幾乎為零，幾乎完全靠進口，但糧食安全的表現在全球卻名列前茅。

這些事實並不表示面對糧食危機，我大有為的政府控制得宜，反而提醒我們糧食自給率並非檢驗糧食安全的唯一指標，充其量只能說是眾多指標的一個。若純以糧食自給率的大小來代表糧食安全的程度或做跨國的比較，相當不妥，也不符事實，國際糧食安全專家對此限制相當清楚。

由於臺灣糧食無法自給自足，政府必須超前部署，提升大宗進口農產品的安全儲備機制，像是建造糧倉、強化科技儲糧，特別是針對黃豆、小麥、玉米（通稱黃小玉）等大宗穀物。由此可見，國際貿易對我國糧食安全地位舉足輕重，貿易自由化和糧食安全的互補關係值得我們重視和深思。

世界上很少有國家像我們這麼的重視「糧食自給率」，而且盲目崇拜，幾至形塑成「糧食安全等同糧食自給率」的迷思。其實「糧食自給率」只是眾多「糧食安全」指標的一種，隨著經濟的發展，「糧食自給率」這個老舊指標愈顯不合時宜。這樣的迷思禁錮了國人對非常時期糧食如何合理供應的思維。國際農產品貿易以有餘補不足，為因應氣候變遷或糧食危機的一種很重要的調適策略，貿易

自由化與糧食安全的互補關係值得我們正視。超前部署，廣設進口糧倉以及提高國內進口糧食儲備，或許是確保非常時期糧食供應更有效的作法，對活化水資源及國土的利用也將帶來多重紅利。

糧食安全與營養安全

▎兩種權數計算出的糧食自給率

　　之前所提到 2008 年的糧食危機年，臺灣的「糧食自給率」只有 32.2%，比起日本、韓國、中國都還低，但這個指標指的是以「卡路里」（熱量）為權數所計算的糧食自給率，若以此當作政策指標，則會偏重國民的「溫飽」，強調稻米及雜糧生產的「生產型農業」，也就需要將廣大的土地保留為農地農用，以及水資源優先為農業用水使用。當經濟快速發展，有限的土地及水資源呈現瓶頸時，就會影響到製造業及服務業的生產與就業，還有城鄉均衡發展與房價房租，進而阻礙國內生產毛額 (GDP) 的成長。深陷於這樣的「生產型農業」而無法轉型提升，臺灣的農業發展就是個鮮明的例子。

　　其實，還有另外一種糧食自給率指標，是以「蛋白質」（營養）為權數所計算的糧食自給率，若以此當作政策指標，則會偏重國民的「營養」，強調畜禽（例如人造肉的研發與商業化應用等）、漁產的生產，強調節省土地與水資源的利用，而偏重資本與高科技投入及經營管理的「生命科學型」農業。新加坡農業並非消失，只是由「生

產型農業」轉型為「生命科學型」農業，讓稀有的土地與水資源釋出給製造業及服務業使用。如此迥異的經濟發展路徑，結果是新加坡的人均 GDP 高達 8 萬美元，已遠遠超過臺灣，約為臺灣的 2.5 倍。

▍新加坡 VS 臺灣

　　新加坡政府於 2019 年訂定了所謂的「30 by 30 願景」計畫，讓該國目前以「蛋白質」（營養）為權數所計算的糧食自給率不到 10% 的國家營養需求，能夠於 2030 年前達到「由在地生產供應 30%」的目標，摒棄以「卡路里」（熱量）為權數所計算的糧食自給率之迷思，將糧食安全提升至營養安全的戰略層面。新加坡政府為此特別成立新加坡食品局 (Singapore Food Agency, SFA) 專責落實此「30 by 30 願景」，提出「新加坡食品故事研發計畫」(Singapore Food Story R&D Programme)，以「農場到餐桌」為食品營養創新投資的核心，採行農業創新與新技術路徑，滿足新加坡國民對於食品與營養之需求，同時為全球營養需求有所貢獻。

　　從經濟發展的角度來審視新加坡與臺灣截然不同的經濟發展路徑與成果，關鍵因素在兩國糧食安全與營養安全意識形態的差異。糧食自給率指標的不同選擇，造成新加坡與臺灣國土與水資源利用兩極化的差異，這是大家所忽略的。新加坡政府自 1965 年建國以來，即認為農業雖然重要，但並非國家賴以生存的唯一產業（或稱「護國神山」），新加坡還需靠製造、服務等其他產業來創造更多的就業、更高的附加價值，並透過國際貿易來養家活口。

　　至 1984 年間，新加坡政府基於土地利用與環境汙染的考量，大力推動離農離牧，並全面淘汰養豬業。時至今日，農地占全國可利用土地的份額已由 1965 年的 21% 大幅減少至不到 1%，使得國土在製造業、服務業、農業及城市發展之間的規劃使用，取得公平合理的配置。

　　經濟學的基本原理告訴我們，一國生產力提升的原動力，除了大家熟悉的科學研發與技術進步外，還有資源配置效率的改善，尤其是稀有資源（水、土地）在農業、製造業、服務業及城鄉發展之間的公平合理配置。新加坡就是一個典型的最佳範例。

　　如今的新加坡已成傲視全球的超級城邦，分別取代香港、澳門和上海，成為了亞洲金融中心、世界賭城和世界港口。除了服務業外，新加坡有高附加價值製造業，如航太、半導體、化學、化工和生物醫學等，已是全球第四大高科技產品出口國。至於糧食安全，新加坡擁有完備的進口糧食儲備管理，還有世界六大糧商之一的新加坡奧蘭公司，其糧食安全治理的表現，常為世界各國所稱許。

　　反觀臺灣，糧食安全仍執著於以「卡路里」（熱量）為權數所計算的糧食自給率，農委會兵推中國若攻臺，假設「八年抗戰」（而不是華府智庫兵推的三週），且排除超前部署、廣設進口糧倉儲備的可能，為確保糧食安全，糧食生產要完全自給自足。在此天真的假設下，農委會估算農地面積需求約為 80 萬公頃，將全國可利用土地（約 112 萬公頃）的七成硬生生劃為農地，僅准農用，嚴格限制他用，且計畫年期長達 20 年。此導致臺灣有世界上最嚴格、最荒謬的

國土分區管制，漠視產業與城鄉均衡發展之公平性，也忽略了資源配置的合理性，嚴重阻礙農民的離農離牧。

此極不公平且不合理的土地利用政策，逼著辛苦賺錢繳稅的製造業、服務業及城鎮發展相關產業要來跟農業部門「偷農地」、「偷農業用水」，並導致非法農舍及違章工廠氾濫之亂象。在土地供不應求，再加上政商集團的炒作，當然使得地價、房價格外高漲，臺灣年輕人當然買不起房子。

糧食安全是誰的責任？

▋確保糧食安全，先減少損失與浪費

臺灣要如何實踐零飢餓的目標呢？首先，我們必須意識到糧食安全的「減法思維」和「加法思維」同樣重要。前者指的是減少糧食損失和食物浪費；後者指的是運用科技，提高生產力來增加糧食生產。根據聯合國糧農組織的研究報告指出，全球每年約有 13 億噸的食物從採收後到消費過程中損失或浪費掉，占糧食供應給消費者數量的三分之一。很明顯地，若能大幅減少糧食損失或食物浪費，必可增加世界糧食安全。

另以美國為例，每年浪費的食物總值約為 2,200 億美元，占 GDP 約 1.3%。但諷刺的是，美國人平均每 7 個人就有 1 位挨餓，感受有糧食安全的危機。「朱門酒肉臭，路有凍死骨」，這的確是已

開發國家的奇恥大辱，難怪美國歐巴馬政府及聯合國均信誓旦旦宣示，要於 2030 年前將食物浪費大幅減半。

無獨有偶，亞太經合會 (APEC) 也認為減少糧損及浪費是解決 APEC 區域糧食安全問題的重要手段之一，希望在 2020 年前能達成 APEC 整個地區降低糧損 10% 的目標。在 APEC「糧食安全政策夥伴會議」論壇，我國所提降低糧損多年期計畫，深獲與會各國的肯定與支持，為第一個獲 APEC 核准之農業多年期計畫。所探討議題包含農產品從採收到餐桌供應鏈之各項流程、公私部門及區域間之合作、私部門角色（尤其中小微型企業）之強化，積極尋求並提倡跨界降低糧損之各種方式，採取必要的政策措施及運用農業科技，減少不必要的糧食損失與食物浪費，以因應全球人口持續成長所帶來的糧食安全嚴峻挑戰。

▌糧食損失發生在哪裡

其實，糧食損失在供應鏈的生產、採後處理與儲存、加工與包裝、批發與零售、消費等每個階段都有可能產生。首先，在生產階段的損失，主要是指農產品在收穫採收時，因工具不夠精良所造成之損失，而水果與漁獲也可能因不符合經濟效益或沒達到消費者要求品質而被丟棄，造成糧食損失及浪費。

其次，在採後處理與儲存階段，主要發生在預冷處理、運送、儲藏等過程中遭遇到病蟲害攻擊而產生之損失，或在加工及包裝過程中因規格或品質缺陷而導致無法加工之損失，或因缺乏良好設備

而造成糧食之損失。

在批發以及零售階段的損失，主要是產品沒達到消費者預期之外觀、品質標準，抑或是超過其食用期限而遭淘汰或丟棄。最後，在消費階段的浪費，主要是指居家烹調食用或餐廳消費時所產生的浪費，包括未達食用標準而被淘汰、食物被購買但是卻被遺忘而過期、食物被烹煮但是沒有吃完等。

▌確保糧食安全，人人有責

糧食安全的確與農業生產鏈上游的農民、中游的批發零售商與量販超商、下游的餐飲業與消費者等的積極配合減少糧損很有關係。過去我國農政單位一向偏重生產型農業，在「糧食安全等同提高糧食自給率」的迷思下，糧食安全的重責大任全由上游的農民來扛，且幾乎不計任何成本及代價。影響所及，大家普遍誤認為糧食安全與中下游農產品供應鏈業者、一般升斗小民沒什麼關係。

我們雖不必有蘇東坡「為鼠常留飯，憐蛾不點燈」這樣悲憫萬物的善心，但我等庶民、士農工商皆可「搶救剩食」，減少糧食損失及食物浪費，為糧食安全盡棉薄之力。最重要的是，我們必須意識到糧食安全並非僅是農民的責任，食物浪費和糧食損失發生在糧食上中下游供應鏈的每個階段，「糧食安全，人人有責」，每個人都應該要為糧食安全盡一份心力，支持在地農業，減少食物浪費，共同實現臺灣零飢餓的目標。

結　語

在快速工業化與都市化、商品化與消費者飲食嗜好的改變、全球化及與科技結合的農業轉型等四大未來主要農業發展趨勢下,「農業」的定義與範疇就像變形金剛似的,由傳統的「生產型」農業先轉型為「食農供應鏈型」農業,再轉型升級為「生命科學型」農業,這是我們為消除飢餓,提高糧食安全所應體認的基本架構。其次,認識與解決農業的問題,也應具有從農業、製造業及服務業間產業關聯之宏觀視野,才不失偏頗。

我們應理解:「糧食安全」並不等同「糧食自給率」,由「印加失落之城」馬丘比丘、臺北市及「超級城邦」新加坡為例即可悉知。其次,「糧食自給率」指標有兩種,一種是以「卡路里」(熱量)為權數所計算的糧食自給率,另一種為以「蛋白質」(營養)為權數所計算的糧食自給率;前者強調糧食安全的溫飽,後者強調營養安全的健康營養,並由臺灣與新加坡的例子可知,「糧食自給率」指標的選擇會導致截然不同的經濟發展路徑與成果。另外,國際農產品貿易與糧食安全具有密切的互補關係,促進國際農產品貿易自由化,彼此互通有無,為國際因應氣候變遷之道,亦是消除飢餓與解決糧食危機之良方。最後,消除飢餓與維護糧食安全不應全由農民負責,而是食農供應鏈或價值鏈上中下游所有的人,人人皆可減少糧食損失及食物浪費,為糧食安全盡棉薄之力。

chapter 4

從鋤頭到舌尖的永續城市

講者｜臺灣大學建築與城鄉研究所教授　張聖琳

彙整改寫｜蔡志嘉

我們與鄉村的距離

▌往都市聚集的人口

　　歌手周杰倫的〈稻香〉裡唱道：「所謂那快樂　赤腳在田裡追蜻蜓追到累了　偷摘水果被蜜蜂給叮到怕了　誰在偷笑呢　我靠著稻草人吹著風唱著歌睡著了……」這是屬於上一代的童年鄉間回憶，但是如今卻愈來愈少孩子記得自己曾經在金黃色的稻田中奔跑過。2008 年，全世界的都市人口數首度超越了鄉村人口數，人類文明從農業社會發源以來，從來沒有一個時刻是如此地集中生活在特定的區域裡。截至 2021 年止，臺灣 38 個主要都市的人口數已達 2,004 萬人，占人口總數將近 86%，然而這些主要都市的面積卻只占臺灣國土面積的 36%，表示絕大多數的臺灣人生活在面積不到總國土四成的都市裡。

▌逐漸斷連的人與土地

　　1960 年代開始臺灣快速工業化，也讓都市人口大幅增加，許多鄉村年輕人為了尋找工作機會而來到都市，並在這裡結婚成家，他們生下的孩子被稱為都市第一代，此時臺北市的人口才剛剛超過 100 萬。這些都市第一代從小在都市長大，只有偶爾跟著父母回鄉下看看爺爺奶奶，他們在都市求學、長大，也在這裡認識另一半，

生下都市第二代。1990 年後出生的都市第二代和他們的父母親都是道地的都市人，對於鄉村的認識可能僅剩下爺爺奶奶口裡不時提起的回憶，這時候的臺灣，都市人口百分比已經超過了 70%，臺北市的人口也已逾 250 萬人。當我們把時間快轉，來到 2020 年後出生的都市第三代，這些孩子也許只在學校課本上看過牛車、只在戶外教學的時候看過稻田，他們的父母和祖父母很可能都沒有在鄉村生活過，對於鄉村的陌生可能會讓他們不知道所吃的食物是從哪裡來的，也不知道餐盤裡一塊一塊方正的紅蘿蔔其實原本長在土裡、鮮美的蝦子在料理前其實有頭而且不是紅色的。

農耕曾經是與人類生活最密切的活動，對過去生活在農業社會的人來說，應該很難想像未來的孩子可以天天吃到豬肉，但可能從來沒有看過豬走路的樣子。對鄉村的陌生，不只是對自己國家其他六成土地的陌生，同時也是和提供我們食物的土地失去連結。據聯合國估計，2050 年全世界會有三分之二的人口居住在都市裡，那時候出生的孩子會知道耕種，或是自己生產食物是怎麼一回事嗎？

耕種的生命經驗與永續城鄉

▍城市與鄉村的連結

聯合國永續發展高峰會 (UN Sustainable Development Summit) 在 2015 年通過的永續發展目標共有 17 項目標，其中第 11 項

是──永續城鄉與社區，旨在建構「具包容、安全、韌性及永續的城市與鄉村」。如果缺乏食物，就不可能有安全的居住環境，而不可否認的是，都市居民賴以維生的食物絕大部分是在鄉村生產的。每日清晨天還未亮，就有無數貨車載著鄉村生產的蔬果到都市的大型拍賣市場，也有無數的宅配車將來自鄉村的冷凍漁獲和生鮮肉品送到都市裡的各個超市與量販店。現代人不僅關心糧食是否充足，更看重均衡的營養和食品安全。從鋤頭到舌尖完整地認識食物之所以重要，是因為如果我們關心餐桌上的食物，但卻不認識生產它們的土地，也不認識它們被生產的過程，這些食物就只是餐盤裡代表著熱量、蛋白質和膳食纖維的碎片，而不是餵養我們的豐饒物產，也不是我們對土地的文化認同。

如果永續的定義是「滿足當代需求的同時，不損及後代子孫滿足其自身需求」，而絕大多數人生活在都市裡已經是個正在發生，而且未來也會持續的事實，幫助我們的下一代擁有耕種的生命經驗，同時建立城市與鄉村的緊密連結，便成為一件必要的事情。

田園城市概念的誕生與萌芽

你有想過，在水泥建築林立的都市裡也可以栽種些什麼嗎（圖4-1）？田園城市 (garden city) 的概念最早起源自十九世紀末期，當時英國都市學家霍華德爵士 (Ebenezer Howard) 有感於城市規模快速發展，但是城市裡的居住環境卻不斷惡化，於是想像在人口密集的都市中心外興建衛星農園，減輕密集的都市人口對環境造成的負

載，也讓都市周遭有可以栽種糧食的空間，達成自給自足的目的。雖然霍華德的設計並沒有被大規模實踐，但他的理想透露出人類同時渴望都市的便利和鄉村無汙染的環境，並嘗試在其中取得平衡。

　　一百多年後，由於發達的交通，大量的人口依舊居住在都市中，享受從鄉村生產、運送來的食物，但是都市的壅塞、噪音和空氣汙染比起當時有過之而無不及。許多研究已經證實，多接觸綠意環境能夠讓人更放鬆，植物也能夠降低空氣中的二氧化碳濃度，並清除甲醛和苯類等對人體有害的汙染物。想想看，如果生活在都市裡的我們已經遠離了大自然，看得見的綠意又僅剩下路旁行道樹和公園裡的草皮，那豈不是寂寥的一景嗎？

Ｙ圖 4-1　臺北都市水泥叢林中的一點綠意——頂樓菜圃

於是，英國某些城市出現一群不甘寂寞的農耕愛好者，開始趁著夜裡突襲城市裡的空地，他們行為大膽，但事前籌劃縝密，手持的武器不是槍砲刀械，而是種子和鐵鍬。其他居民可能一覺醒來，驚覺家門口前的停車格變成了綠意盎然的菜園，或是發現街角那塊廢棄多年的畸零地不知道何時綻放成了一塊繽紛的花圃。這些人被稱為「綠色游擊隊」，他們的行動除了想要表達親手栽種食物和綠化周遭生活環境的正向意義外，也試圖引起民眾反思，現在都市裡的空間利用規劃是合理的嗎？擁擠的都市裡就算有零星的空地，往往也會被優先規劃成新興市鎮、住商大樓，或是用來吸引觀光客的旅遊地標，但這些規劃真的能讓我們的都市更永續嗎？

▌都市農耕不只是生產食物

SDGs 目標 11 底下還包含了 10 個如何具體達成的子目標，其中第 7 項就是「2030 年前，為所有人提供安全、包容、無障礙及綠色的公共空間，尤其是婦女、孩童、老年人以及身心障礙者」。倘若這樣的綠色公共空間還能讓市民在上面種植蔬果，大人可以從這裡採收料理三餐所需的食材，不必擔心有過多農藥殘留的問題；孩童可以從小在這裡學習耕種，認識食物的來源，同時體驗田園裡的生態，促進他們對大自然的興趣；退休的銀髮族每天可以來這裡活動筋骨、聯絡街坊感情，他們也是鄉村經驗的傳承者，能在這塊綠色空間裡分享耕種的技術，保留鄉村生活的記憶；這裡若還有設計和輪椅等高的操作臺以及平坦的無障礙通道，身心障礙者也可以在此

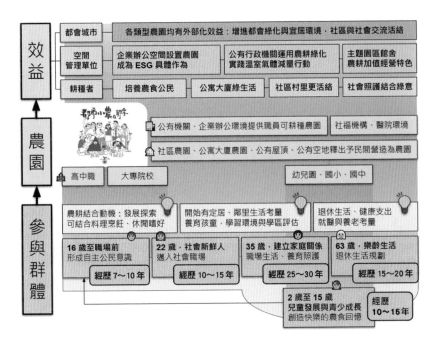

🌱圖 4–2　全齡都市農耕參與群體與農園效益架構圖

獲得生產食物的成就感，讓他們感受到自己並不是被社會孤立的一群（圖 4–2）。

　　其實植物生長所需要的陽光、空氣、水都市裡都有，如果都市裡能有更多田園，對環境、食安、教育、老人照護和社會福利都有幫助，也更符合永續城市的需求（圖 4–3）。

🍸圖 4-3　民眾召開戶外記者會呼籲政府重視都市農耕

美國的勝利花園

在都市的土地上種植蔬果在臺灣的都市裡似乎是怡情養性的消遣，但其他國家的都市中種出來的蔬果卻成為人們的重要糧食。第一次世界大戰期間，因為大部分的勞動力都投入在戰場上，導致各國內糧食生產不足，作為主要戰場的歐洲尤其嚴重。此時美國為了支持在大西洋彼岸的盟友，成立了「國家戰爭時期花園委員會」(National War Garden Commission)，鼓勵民眾在閒置的土地上種植可食用的作物，包括自家的庭院、社區的公園，還有學校裡的空地，並提出鼓舞民心的口號，像是請大家「種下勝利的種子」(Sow the

seeds of victory.)，或是鼓勵還不能上戰
場的孩子成為「土地的戰士」(soldiers of
the soil)。這讓未能親赴前線的民眾覺得
自己也能在後方幫助國家，於是收到極
大的迴響，大家紛紛在原本非農用的土
地上開闢起「勝利花園」(victory
gardens) (圖4–4)，政府也提供民眾簡單
的耕種知識，像是如何選擇當地適種的
作物，以及如何防治常見的病蟲害。到
了第二次世界大戰，有更多的民眾響應

🌱 圖 4–4　勝利花園的海報

加入勝利花園的行列，當時全美國各地的勝利花園所生產的蔬果產
量甚至達到了全國人民日常所需量的四成。至今美國都市園圃仍為
社福中重要的新鮮蔬果支持系統，從太平洋岸的西雅圖到大西洋岸
的紐約、華府等城市中，不同族裔的居民都透過社區園圃的栽種，
取得不可或缺的食物營養。

　　雖然勝利花園是美國在非常時期大規模推廣的活動，現在也許
不太可能在各地普遍發生，但勝利花園的經驗告訴我們在都市從事
農耕活動是可行的，而且若善用零碎的空間與合適的耕種技術，都
市農耕的產量也不容小覷。事實上即使不是戰爭，當社會環境發生
劇烈變動時，人們似乎比較容易重新反思自己和土地間的關係，並
且回到依賴土地的生活方式。

▌其他國家的都市農耕

2008 年，西班牙的經濟深受金融海嘯影響，國內失業人口大增，愈來愈多人也開始在都市裡的空地上種起蔬果來，自己生產食物幫助這些失業者拾回自信，也很實際地填飽了他們的肚子。另一個例子是英國為了迎接 2012 年的倫敦奧運，政府開始思考城市應有的未來風貌；這個園藝大國最後決定在倫敦建立食物生產網絡，並將其命名為 "Capital growth"，鼓勵民眾以個人或團體的方式在倫敦種植食物，目標是在大倫敦地區增加兩千多片都市農園，而且在奧運會結束後，這個食物生產網絡仍活躍至今。古巴因為被美國經濟制裁與禁運石油的數十年間，澎湃茂盛的都市農耕與有機農業更是精彩，有興趣的讀者可掃描 QR code 觀賞相關紀錄片與閱讀相關報導。回過頭來，讓人好奇的是，臺灣有人想過在都市裡種菜嗎？

古巴農耕生態紀錄片

古巴生態農業啟示錄

▌農耕心願與土地政策的衝突

2011 年，有 8 位退休的年長者閒暇時在高雄市三民區的一塊空地上種植蔬菜，但是這塊空地屬於國軍眷地，經國有財產局通知後未及時將菜園清理完畢，最後整塊菜園遭到政府剷除，這幾位年長者也被以竊占國土罪函送法辦。雖然將國有土地作為私用確實有違法理，但是從這起事件可以發現市民對種菜的熱愛，也凸顯了一個社會問題：在都市裡想種菜的市民沒有地方可以去。

　　類似的事情也發生在美國加州，羅恩・芬利 (Ron Finley) 從小生長於這裡一塊名為南洛杉磯 (South Los Angeles) 的社區，他有感於當地居民長期飽受不均衡的飲食習慣影響，罹患慢性病的比例遠高於其他區，因此決定在自家門前大馬路旁
一塊無人管理的空地種植蔬果。他相信如果健康的食物便於取得，當地的孩子就不容易挑食。正當他恣意地在那塊土地上種下番茄、毛豆、甘藍菜的同時，市政府收到了其他居民的投訴，於是通知羅恩必須鏟平他的菜園。這塊地確實屬於市政府所有，但規定是由市民共同維護，他心想：如果在這塊地上種植健康的食物就是他維護這塊土地的方式，這樣有何不可呢？這件事登上了當地的報紙，他和其他理念相同的居民連署請願，最後他們的行動獲得了市政府的獲准和支持，也有愈來愈多人加入他們在社區耕種的行列（圖 4-5）（欲更瞭解羅恩理念與故事的讀者，請掃描 QR code 觀看 TED 演講）。

🌱圖 4-5　羅恩與他的社區耕種農園

發生在羅恩身上的事也可能發生在你我的周遭，有人是想要自己生產健康的食物，有人是想要種些花草來美化環境，也有人單純認為那塊地空著不用太可惜了，於是起心動念想開始在都市裡種些什麼，但是在都市裡能作為農園的私人土地實在少之又少，在一般的空地種東西又有違法的風險。在這群南洛杉磯的居民身上可以看到的是，有心想要改變社區的一群人團結在一起，有計畫地從生活周遭身體力行，並且用溫和的方式爭取他們認為應有的權利，事情真的可能由下而上地發生改變。換作是在臺灣，想種菜的聲音真的會被聽見嗎？位在臺北市松山區復建里的「幸福農場」是個經典的案例。

▎幸福農場

幸福農場的原址本是一個眷村，2012 年眷村拆遷後，當地里長主動向政府承租這塊空地，並將其規劃成社區農園（圖 4-6）。一開始共有 48 塊田圃供里民抽籤認養，結果受到里民們熱烈響應，原先彼此不熟悉的鄰居開始每天在農場大聊種菜經，有人沒來還會幫忙澆水，大大增進了鄰舍間的情感，而且為了友善環境，大家約好不噴灑農藥，也只用豆渣、咖啡渣和水果來施肥。幸福農場不只成為復建里的驕傲，也成了其他臺北市民欣羨的城市田園景觀。如今想認領田圃的里民愈來愈多，每年抽到田圃的里民比中樂透還要開心。

🍸圖 4–6　尚未拆遷之前的幸福農場

　　2014 年，當時的臺北市長候選人柯文哲先生因為看見幸福農場給社區帶來的正面影響，也為了回應多方市民的期待，便將田園城市納入他的政策白皮書，期待讓臺灣的首善之都出現更多像幸福農場這樣的田園角落。儘管如此，這塊國有地終究還是面臨了被另做規劃的命運，2020 年國家住宅及都市更新中心選中這塊土地，預計在此興建地上 13 層樓的社會住宅。雖然確保所有人都能獲得可負擔的住宅也是永續發展目標 11 的子項目之一，但對復建里的里民們而言，幸福農場不只是塊綠地，更具有聯絡街坊、身心療癒和食農體驗等重大安全和教育意義。里民們在政府舉辦的說明會上提出訴求，

希望能為社區留下這塊珍貴的農園，但幸福農場最終仍然難逃拆遷的命運。都市裡的空間有限，在不同的社會需求間仍須有所取捨，但幸福農場已經讓臺北市民瞭解到，這裡有成為田園都市的潛力。

從臺北到雲林——永續路上不可少的城鄉鏈結

說到這裡，讓我們暫時把鏡頭從都市抽離。除了思考讓都市變得更永續以外，「促進城市、郊區與農村地區之間經濟、社會和環境的正向連結」也是永續發展目標 11 的子項目之一 (SDGs 11.a)。位於臺灣中西部的雲林縣，人口密度和臺北市相差將近 18 倍，因為縣內工商業就業機會少，長年來人口外移嚴重，高齡人口比例也占了近五分之一。當年雲林縣政府為了促進產業發展，適逢高速鐵路計劃於雲林虎尾設站，縣府便以高鐵站為中心，規劃建立「高速鐵路雲林車站」新訂特定區。1998 年，雲林縣政府無償提供特定區內約 54 公頃的土地，邀請臺灣大學前往設立雲林分校，期待臺大以其學術領導地位連結當地的交通和產業建設，帶動雲林的發展，實踐「地方創生」❶。

---

❶ 「地方創生」一詞來自日本，是希望透過一連串的行動活絡人口減少、經濟衰退的地方場域。如果更深入研究地方創生的意義，會發現其與 SDGs 的目標 1「消除貧窮」、目標 8「讓每個人都有一份好工作」、目標 10「減少國內的不平等」、目標 11「建構永續城鄉」都有密切關係。

　　對於臺灣大學而言，這更是一個實踐大學社會責任的好機會，於是先在 2004 年開辦臺大雲林分校，臺大醫院雲林分院虎尾院區也在 2007 年正式啟用。雲林分院是這些年來最實質的成果，除了提供雲林居民一個便利就醫的場所，也組成跨領域的團隊，走入當地的社區關心年長者的健康。城鄉所、大氣科學系和臺大醫院雲林分院於 2021 年共同合作開啟了名為 「THOD 雲林健康長壽社區模式」的計畫，以雲林高鐵站為中心，周邊城鎮如麻園、中州和土庫為基地，在年長者的家中裝設空氣品質監測器 （圖 4–7 左），瞭解居家微氣候和高齡者健康的關係，也檢視住家建築裡不利他們行動的居家設計，盡可能減少年長者在家裡跌倒的機率。這是一個長期在地深耕的計畫，期望透過科技結合虎尾的優勢——便捷的交通、優質的醫療院所和大片的可利用土地——將其打造為一個新世代的康養社區（圖 4–7 右）。

🌾圖 4–7　THOD 雲林健康長壽社區模式

左圖為裝設於長者家中的空氣品質監測器；右圖為雲林五塊村活動中心所舉辦的銀髮活動。

　　城市和鄉村各自有它們發展的文化背景，永續的作法並非強行把都市鄉村化，或是把鄉村都市化，而是在永續的前提下補足各自的需要，並建立城鄉間正向的連結。同樣的道理，在都市耕種並不是要取代鄉村生產食物的角色，正如在臺北的都市田園種菜永遠不可能取代雲林的大面積耕作，但是農耕生活仍然對一群追求永續價值的城市市民有著重大的意義。我們究竟該如何在農耕需求與都市發展之間取得平衡呢？我們不妨借鑑以下幾個優良典範城市。

田園城市的典範

▎市民發起的田園城市——西雅圖

　　西雅圖的都市農業有悠久的歷史，從 1973 年起，這座城市就有社區農圃的規劃。當時一名華盛頓大學的學生倫德伯格 (Darlyn Rundberg) 受到當時剛開始不久的世界地球日思潮啟發，萌發了鼓勵鄰舍一起在社區土地上種植食物的念頭。沒有土地的她想到了尋求鄰居義大利裔農家 Picardo 家族協助，詢問他們能否讓她使用一部分的農地，就這樣開始了持續至今的西雅圖市社區農圃計畫。為了紀念最早提供土地的 Picardo 家族，西雅圖的社區農圃便取名為 P-Patch（圖 4–8）。

▼圖 4-8　西雅圖的社區農園 P-Patch

　　後來，P-Patch 轉由市政府的鄰里局負責管理。到了 2017 年，西雅圖已經有 90 個大大小小的社區園圃開放給民眾租用，對於想要加入社區園圃但是無法負擔租用費的民眾，政府還會提供補貼。民眾除了在自己的園圃上栽種，也會花時間一起幫忙維護 P-Patch 的公共空間，而種植出的蔬果民眾除了自己帶回家外，也會捐給當地的食物銀行和配合市政府的濟貧計畫。西雅圖的都市農耕精神已經深植在市民的生活裡，雖然在近 50 年的發展歷史中，P-Patch 也曾經歷市政府經費不足和被徵收為開發用土地的危機，但市民們還是一次又一次用請願、連署或是向市府其他單位申請補助的方式守護住這些社區園圃。

西雅圖的都市農耕規劃值得其他城市效法，而宛如一場自發性市民運動的精神也值得我們學習。

▌政府推動的田園城市——首爾

看完了由市民主動發起的都市耕種，我們再來看看另一座是由於政府上級重視都市農業，並且由上而下積極推展的田園都市——南韓的首爾市。

首爾市內的江東區地處最東邊，因為開發不如其他區快速，有較多閒置的土地，區公所便將這些空地開放給居民耕種，因此該區是首爾最早開始推動都市農耕的地區。後來都市農耕的理念擴散到整個首爾市，市府自 2011 年起開始有計畫地推動都市農業政策，到 2019 年為止，已經讓全市的農耕用地從原本 29 公頃增加到 202 公頃，而且不只是平面空地，包括在屋頂和建築物的垂直牆面都設有種植空間，參與都市農業的人口超過了 60 萬人。

現在首爾市政府有自己的都市農業科，底下設有不同的行政單位，有的負責規劃都市農業政策、有的負責盤點可利用的空地、有的則負責辦理農民培訓課程，還設立專屬超市來販賣都市小農的農產品（圖 4-9），可以說是把都市農業當成一個真正的產業來經營。首爾市的下一步規劃是希望能夠提升市民在都市農耕中的自主性，建立屬於市民的都市農業。首爾市也訂下遠大的目標，希望在 2024 年以前能將都市農園的面積增加到 240 公頃，同時讓參與都市農業的人口能夠達 100 萬人。

圖 4–9 2018 年第七屆首爾都市農業博覽會

臺北──在成為一個田園城市的路上

田園都市政策的歷史

2015 年臺北市正式開始推動「田園城市」政策，回顧更早以前都市農耕在臺北市發展的歷史，最早的都市農耕雛型是 1989 年臺北市農會輔導設立的北投區第一市民農園，只是當時的規模小，後續也沒有更大範圍的推動。2009 年，政府鼓勵民眾對都市內閒置的公

共空間進行綠美化，這時候民眾便開始有更多機會利用都市裡的土地，也間接促成了像幸福農場這樣早期的都市農耕成果。2011 年左右，臺大學生發起的大猩猩綠色游擊隊也開始在臺大校園以及溫羅汀一帶出沒，期望喚起大家對公共空間農耕利用的再思。實際上臺北市有一群真的很愛種菜的市民，5、60 年前的臺北盆地座落著許多稻田，豐滿的稻穗和綿延的灌溉溝渠還是許多老臺北人的生活記憶，而且臺北市擁有豐厚的鄉村移民人口，這些鄉村移民也將愛好耕種的基因帶進了這座城市。

▎民間力量的推動與政府參與

儘管如此，熱愛種菜的市民當時尚缺乏倡議的管道，城市裡可以耕種的土地也嚴重不足，因此有一群人自發地組成了臺北市的都市農耕網路，又名 FUN (Farming Urbanism Network)，當中包含了學者、非營利組織工作者，還有一般熱愛都市農耕的市民，他們廣泛地收集各方意見，也積極地尋找都市農耕政策化的可能性，群策群力地說服了當時的準臺北市長柯文哲在上任後推動田園城市政策。然而田園城市初期的推動並不容易，因為都市農耕需要土地、需要農業技術，也需要訂定合宜的管理辦法，要在原本的政府架構中整合多個部門，系統性地執行這樣過去從未有過的大型計畫實屬一件難事。於是市府交由具有園藝專長的工務局公園路燈工程管理處負責統籌，聯合負責農業相關業務的產業發展局、負責土地管理的都

市發展局，再加上教育局和社會局一齊推動，FUN 的自發組織也在
過程中轉型為臺灣新鄉村協會。

　　面對複雜且不易協商的都市農耕政策，長期投入推動政策進展
的成員們表示，見到化屋頂為菜園的活動中心（圖 4-10）、深受學
生喜愛的校園農圃（圖 4-11）等陸續出現，這些市民的熱情參與就
是最好的回報。從政策實施起已經 8 年過去，到目前為止共有 751
個大大小小的社區田園基地在臺北市出現，參與都市農耕的市民也
達到了 37 萬人次。

🌱圖 4-10　臺北市文山區順興里的綠屋頂

🌱圖 4-11　臺北市立龍山國中校園農圃

▌未來展望

　　雖然相較於發展都市農耕多年的西雅圖或首爾還有很大的進步空間，但田園城市政策無疑地已經為臺北市帶來前所未有的改變。都市農耕網絡在 2022 年推出新的都市農耕策略，最大的目標是深化 SDGs 的永續城鄉與社區重視全齡農耕的需求，希望讓 18 歲以下的公民都有耕種的經驗，因為只有對下一代播下都市農耕的種子，2050 年才能培養出都市的農耕世代。

如何建構你我的永續城鄉？

　　一位出身於日本京都綾部市的青年塩見直紀在 1999 年決定從都市回到故鄉，一邊耕種一邊思考自己能夠貢獻社會的天賦是什麼，這種「半自給自足的農業和理想工作齊頭並進的生活方式」被他稱作「半農半 X」（圖 4-12）。其中的 X 對每個人來說都不相同，有的是在農暇時間做電影字幕的翻譯、有的是做藝術創作、有的在當地經營民宿，但相同的是，每個人都在大自然中腳踏實地做著自己喜歡的工作。想要過更貼近人類本質的自然生活，但同時希望和社會保有一定的連結並對其有所貢獻，這樣的心情和微微的衝突感似乎也能在都市農耕裡看見。

🌱圖 4-12　塩見直紀與來訪的張聖琳師生介紹他的「半農半 X」理念

　　都市農耕並不是要在都市裡完全自給自足，而是期望住在都市裡的每個人生活都可以和耕種有所連結，其背後的深層理念是相信擁有農耕經驗的生命是永續城鄉的關鍵，至於每個人能夠實踐的方式都不一樣。想要朝 SDGs 11 邁進，最重要的事就是思考我們每個人對於永續都市／鄉村的文化認同是什麼？怎麼樣的都市／鄉村可以被稱為永續的呢？為了達到這個目的，我們實際可行的生活方式又會是什麼？不需要是什麼偉大的事，可以是在都市農園認養一塊園圃，也可以是在自家的陽臺種一棵菜，甚至可以只是單純地在都市裡欣賞這一小塊一小塊在生活周遭慢慢發生的變化。

chapter **5**

能源轉型的城市策略

講者｜臺灣大學政治學系副教授　林子倫

永續發展目標之源起以及 SDG 7 之定義

　　永續發展目標是在 2015 年 9 月的聯合國永續發展高峰會通過。永續發展目標總共有 17 項，處理社會、環境與經濟等議題，而設立永續發展目標最重要的原因，是希望可以消除貧窮、全球不平等與氣候變遷問題、促進永續都市以及工業發展、確保包容性的社區與治理制度。

　　本文將討論第 7 項永續發展目標，它的定義為：**「確保所有人皆能取得可負擔、穩定、永續及現代的能源」** (Affordable and Clean Energy)。由於現代社會依賴化石燃料，像是煤炭、石油、天然氣來產生能源，但使用這些燃料產生能源時，會排放各種溫室氣體以及其他汙染物，會影響我們生存的氣候、環境以及健康，使得我們與後代子孫可能無法繼續生存在地球上，所以必須要思考如何減少化石燃料的使用。還有另外一個因素，我們在現代社會中生活，隨時隨地都會需要使用到電力，例如日常使用的手機、電腦、冰箱、冷氣等等設備，或是城市的基礎服務，像是交通號誌、捷運、火車、市政運作等都需要能源來支持。而關於能源第三個很重要的面向，有些弱勢族群會缺乏足夠的資源來取得能源或是電力，在缺乏能源的情形下，可能會危害到這些族群的生存權利，或是影響到日常生活的便利性。本文認為，欲達成永續能源目標之轉型，需考量技術

的可行性、成本的競爭力與社會的接受度。

在 SDG 7 總體目標之下，又包含了幾個更具體的推動目標，包括以下項目：

SDG 7.1：所有人皆可取得現代能源 (Universal Access to Modern Energy)。至 2030 年，必須要確保所有人可取得價格合宜、可靠以及現代的能源服務。

SDG 7.2：提升全球再生能源比率 (Increase Global Percentage of Renewable Energy)。至 2030 年，必須提升再生能源於全球能源組合中的比例。

SDG 7.3：提升能源效率 (Double the Improvement in Energy Efficiency)。至 2030 年，促進能源效率提升一倍。

SDG 7.a：促進對於清潔能源的研究、技術與投資 (Promote Access to Research, Technology and Investments in Clean Energy)。至 2030 年，必須要提升全球合作，以促進使用清潔能源的研究與相關技術，包括再生能源、能源效率、更先進與更潔淨的化石燃料技術；並且促進能源基礎建設以及清潔能源技術之投資。

SDG 7.b：擴大與提升發展中國家的能源服務 (Expand and Upgrade Energy Services for Developing Countries)。至 2030 年，必須透過支持計畫擴大基礎建設以及促進技術，讓所有發展中國家可供應現代與永續的能源服務，特別是最低度發展國家 (least developed countries) ❶ 、小島發展中國家 (small island developing states) ❷ ，以及內陸發展中國家 (landlocked developing countries)❸ 。

在實際執行的狀況上，其實進度稍有延遲，聯合國在《2022 年永續發展目標報告》 (*The Sustainable Development Goals Report 2022*) 中提到，目前全球執行進度落後，可能無法在 2030 年達到第 7 項永續發展目標。當今的現況是，目前仍有上億人口缺乏電力可用，或是仍使用高汙染的烹飪技術或設備，這些汙染會危害 24 億人的健康。造成執行延誤的原因有很多，其中一個是因為新冠肺炎疫情爆發，使得原物料價格、能源與航運成本上漲，連帶使得相關再生能源設備或原料成長需要付出的成本增加，因此再生能源成長速度變慢。

永續發展目標不是各自獨立運作，不同的目標之間具有互補或是連動的關係。以第 13 項 SDG「氣候行動」為例，當我們減少化

❶ 最低度發展國家主要指稱低收入國家，在永續發展上面臨許多結構性障礙。統計至 2021 年 10 月，全球共有 46 個最低度發展國家 (UN, 2023)。

❷ 小島發展中國家主要指稱島嶼型態的發展中國家，大多分布於加勒比海、太平洋與大西洋、印度洋與南海。因為其地理位置條件，此類國家面臨了獨特的社會、經濟與環境挑戰。由於許多小島發展中國家仰賴周邊海洋資源發展，容易受到生物多樣性喪失與氣候變遷之影響 (UN, 2023)。

❸ 內陸發展中國家指稱全國領土不靠近海域的發展中國家。此類國家由於國土不與海洋接壤，遠離主要世界貿易市場，使其需負擔高昂的過境運輸成本，減緩了經濟發展以及限制了永續發展的能力 (UN, 2023)。

石燃料的使用，並改為使用再生能源，不僅可以達成 SDG 7 的目標，同時也減少了溫室氣體排放，有機會減緩氣候變遷，也是在協助 SDG 13 目標的達成。而如果是城市或地方政府在積極推廣再生能源的運用，也是在為建立永續的都市和社區所付出，也符合第 11 項 SDG「永續城市與社區」的目標。

城市參與永續發展與氣候治理之背景

　　1992 年聯合國會員國簽訂了《聯合國氣候變化綱要公約》(*United Nations Framework Convention on Climate Change, UNFCCC*)，此公約的主要目的在於各個國家要承諾共同努力控制大氣的二氧化碳濃度，否則全球溫度將持續上升，破壞地球與人類生存的環境。雖然執行綱要公約的主要行動者是國家，但是城市與地方政府也開始積極參與國際氣候政策的討論與實踐。氣候變遷相關應對措施與永續發展目標的實踐具有相輔相成的關係，如果氣候減緩措施做得好，就有機會促進永續目標之達成。

　　城市投入氣候治理與永續發展有很多原因，首先是城市深受氣候變遷的威脅。氣候變遷所引發的極端氣候，讓全球不同地區之城市遭遇了洪水與旱災，例如法國巴黎與西班牙巴塞隆納在夏天時遭遇極端高溫、東南亞沿海城市容易受到洪水威脅、冬天的時候有些城市有歷史性的低溫，而這些異常氣候現象不僅摧毀了城市內相關

基礎建設、民眾的居住環境以及財產，也威脅到群眾的生命安全，因此各個城市無不想要採取行動來減少這些問題。

其次，城市也是造成氣候變遷的因素之一。全世界的城市面積僅占了 3%，卻容納了全球一半的人口，同時生產了全球三分之二的 GDP，對於全球經濟有重大貢獻。然而，城市也消耗了 70% 的能源，以及排放了 70% 的溫室氣體。根據預測，未來有愈來愈多人口將移往城市，估計至 2050 年，全世界將會約有 70% 人口居住於城市。隨著城市中人口持續增長，如果仍然採取既有的能源生產與使用模式，將會造成更多碳排放，必須提出策略來因應。

第三個因素為城市所具有的特性與條件，此因素包括三個面向。第一，國家制定了氣候政策，但由於各國不同城市與地區的環境條件並不一樣，具體的氣候政策仍須透過城市或地方政府規劃執行，地方政府可以根據自身的條件、所遭遇的問題以及當地民眾的需求，制定可行且有效的政策來達成永續發展目標；其次，由於城市匯集了充裕的資金與人才，可以動用相關資源作為尚未成熟的創新策略的實驗場域；第三，城市中的創意以及企圖心可以推進永續議程之發展，或是作為其他城市的發展示範案例。

隨著城市相關氣候與能源政策的成功，以及國際區域間不同城市的經驗分享，聯合國也開始注意到城市的重要性，因此在 2015 年的 COP21 所簽署的 《巴黎協定》 中，便提及了非締約國行為者 (non-party actor)，包含城市、次國家政府 (cities and subnational authorities)、公民社會以及私部門對於氣候治理之貢獻。

事實上，如果以城市層級來進行再生能源發展以及推動能源轉型，可以在不同層面帶來效益：

促進再生能源技術與當地經濟發展

發掘城市中具有發展潛力或是效益的再生能源資源，在使用這些再生能源生產的過程中，促進投資，帶動技術進步。經過技術與產業發展與創新的進程，不僅可以促進企業投資、增加城市的收入，也可以提供不同工作機會，而所帶來的相關收入，後續也可以用於社會福利、環境提升等相關政策。

設計出符合不同城市條件的能源轉型策略

城市或地方政府是接觸民眾的第一線，不僅管理在地的土地使用、建築法規、交通系統，也掌握了相關資源分布與使用狀況，更是最瞭解在地民眾類型、用電習慣、電力使用數據等，所以設計出的相關政策通常可以符合在地民眾的喜好、習慣，或是契合在地資源條件。

減少家戶能源支出

城市或地方政府如果積極推動管轄區域內的再生能源發展，並鼓勵民眾使用再生能源所產生之電力，由於再生能源取得成本很低，因此有機會降低購買燃料或進口能源的支出，減少電力支出負擔。

▌消弭城市內的能源貧窮

城市中的部分家戶由於經濟條件之限制，可能會使用效率較低的電器，或是由於價格因素，無法獲得充分的電力與能源提供。城市透過推廣再生能源或是提升能源效率，有機會讓這些家戶參與能源自產，或是獲得可負擔價格的電力、能源，提升生活環境條件。

▌改善空氣品質以及民眾健康

部分城市仍以煤炭、石油等化石燃料作為發電來源，或是使用未現代化的烹飪方式，容易產生空氣汙染問題，不僅影響周遭環境，也使得民眾健康受到負面影響。如果轉型成再生能源發電，則可以減少溫室氣體排放，提升環境品質。

2020 年爆發的新冠肺炎疫情，不僅破壞城市既有的日常運作與經濟發展，也暴露了各個城市社會不平等的問題。在疫情趨緩之後，各地開始思考是否有方法可以在不繼續破壞氣候與環境的前提之下，有效地恢復與改善城市中的基礎設施建設、日常生活、社交、工作、交通模式，因此綠色振興 (green recovery) 策略被提出，希望可以引導城市在恢復往日運作機制之時，同時也加強氣候行動、永續發展，以及促進城市內社會與經濟社會平等之措施。而永續發展目標就可以作為城市綠色振興的指導原則。正如聯合國祕書長古特瑞斯 (António Guterres) 所倡議的，在新冠肺炎疫情之後，全球必須要思考如何建設更具韌性、更具包容性，以及更永續的城市。

城市執行 SDG 7 相關實際案例

在上述段落我們說明了 SDGs 的起源、第 7 項永續發展目標的涵義,以及城市在氣候變遷與能源轉型中扮演的不同角色和相關效益。現在就透過案例來進一步說明在能源轉型不同的面向中,不同城市所採取的具體策略,以及後續成效。

從 SDG 7 的定義以及目標中可以知道, 要達成 SDG 7 至少必須從以下策略著手:讓所有人都可以取得可靠與合理價格的能源服務、增加再生能源發電的比率、節能與提升能源效率,以及投資相關能源基礎設施。

▎降低能源需求與成本──節能與能源效率提升

能源效率的提升,主要指透過相關設備的技術精進,在不影響原有的生活品質之下,可以消耗較少的能源或電力,減少能源需求以及能源支出。也就是說,同樣使用 1 度電,如果使用能源效率較高的電風扇,就可以吹比較久的涼風,又不會影響環境的舒適度,付出的能源成本也比較低。能源效率提升的優勢是,需要付出的成本較低,但是又能快速看到效果;同時,由於能源效率提升而節省的相關費用與支出,又可以用於投資能源技術發展,一舉數得,因此提升能源效率是非常受到推薦與歡迎之作法。

在城市中，地方政府由於瞭解不同區域的用電型態與數據、產業與人口分布、相關氣候資訊，以及擁有對於建築物能效標準制定和土地使用分區管理的權限，是促進節能與提升能源效率目標的重要推動者之一，因此有眾多的城市皆開始積極推動節能策略或能源效率提升之相關政策。

1.縣市共推住商節電計畫

為因應能源轉型目標，行政院於 2017 年核定推動「新節電運動方案」，希望可以整體推廣節電，降低電力需求，減少尖峰用電，並促進地方合作。而在提升地方節電治理量能方面，2018 年開始推動「縣市共推住商節電行動」，透過中央與地方政府合作促進節電。行動策略主要分為兩大主軸：設備汰換與地方能力建構。設備汰換主

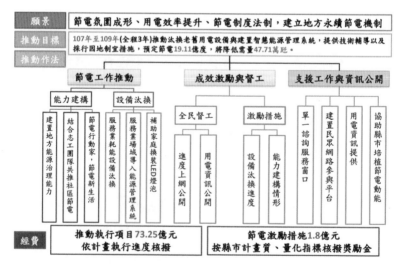

❧圖 5-1　縣市共推住商節電計畫推動架構

要涉及服務業老舊燈具與空調更換,以及智慧能源管理系統之裝設,將原有耗能之機種,換裝成高效率的設備;並鼓勵服務業者納入監控設備暨管理平台,強化能源管理。而在地方能力建構面向,則著重落實節電行動、基礎研究、人才培育、民眾參與機制,以及社區與校園教育推廣計畫。為了促進民眾參與地方節電政策,鼓勵成立地方能源委員會,讓民眾有固定管道可以檢視並精進節能政策;地方政府也透過辦理「節電參與式預算」活動,鼓勵民眾共同參與討論和規劃節能策略,讓民眾了解節電行動容易做到,也與生活息息相關。同時鼓勵社區村里長、志工組成團隊,深入家戶進行用電行為檢視、節電知識推廣❹。

2. 美國紐約市推動大型建築物節能

美國紐約市的溫室氣體總排放量有 70% 來自於建築物,因此紐約市特別重視推動建築物節能。在 2019 年時,紐約市通過了氣候動員法 (The New York City Climate Mobilization Act),其中的第 97 號地方法 (Local Law 97) 針對建築物的能源效率提出嚴格之規範。此法案要求紐約市內總面積超過兩萬五千平方英尺的建築物,於 2024 年開始遵守嚴格溫室氣體排放量限制,目標到 2030 年時要比 2005 年的排放量減少 40%,2050 年則需減少 80% 的溫室氣體排放。

為了達成上述目標,紐約市也通過了不同的法律,要求既有建築物必須升級節能設備;另一方面,為了降低建築物所有者在整修

---

❹ 各縣市政府節電好夥伴:ttps://www.energypark.org.tw/energy-smartcity/page/link/index.aspx?kind=21

與更新建築物相關設備的負擔，市府也提供永續能源貸款融資系統。此外，紐約市也強化了對於市內建築物綠色屋頂之要求，也就是鼓勵未來可用的建築物屋頂應加強綠化，或是裝設太陽光電板，減少能源消耗（圖 5–2）。

在 2020 年，紐約市提出最新的節能法規 (The New York City Energy Conservation Code, NYCECC)，並且成為美國境內最嚴格的能源法規之一。此法規主要是規定建築物本身須強化隔熱，以及建築物內部可能會使用到的電器必須要達到節能法規所設定之標準。例如必須要選擇高能源效率的燈具，同時也要裝設相關智慧照明控制系統，減少能源浪費；電梯或是廚房設備也必須要選擇符合能源效率標準之商品；而且在一定面積以上的新建建築物也要裝設監控設備，以瞭解能源的使用情形。

🌱圖 5–2　紐約綠色城市

▎增加多元形式的再生能源來源

　　許多城市與地方政府開始瞭解到，可以透過購買或是在地生產再生能源電力來減少溫室氣體排放，以減緩氣候變遷。裝設再生能源發電設施其中一項優勢為雖然初期需要投資一筆費用裝設再生能源設備，但生產電力的來源主要是自然資源，亦即運轉時期相關的燃料成本可以為零或是相當低。對比傳統能源之生產過程需要持續購買煤炭、天然氣等燃料資源，如果價格產生波動，就會影響到能源價格。例如 2022 年開始的烏俄戰爭，由於俄羅斯停止提供天然氣，造成天然氣批發價格上升，歐洲國家必須使用更高的成本生產電力，進而導致電價上漲，民眾的生活品質因而受到影響。

　　城市與地方政府可以透過 3 種方式來促進在地再生能源發展。第一種是直接透過地方政府的權限規劃再生能源發展的場域，或是鼓勵企業在城市進行再生能源投資；第二種方式是地方政府直接成立電力公司來生產電力，這樣地方政府就可以自行決定要在哪裡蓋電廠、要用什麼資源來發電，以及設定電價；第三種方式則是地方政府鼓勵一般民眾一起加入發電的行列，例如推動公民電廠，可以在自家住宅、學校、圖書館等地方裝設再生能源發電系統，增加再生能源電力的發電量與使用量。

1. 西班牙巴塞隆納推動能源轉型

　　巴塞隆納 (Barcelona) 政府於 2018 年成立了公共再生能源公司 Barcelona Energia (BE)，這間公司主要協助提供巴塞隆納當地 100% 自產的再生能源電力。市政府規劃於學校、圖書館、市政中心、市

場、公共住宅、公眾聚會空間等公有建築物屋頂上架設光電板（圖
5–3），或是市政府協助媒合相關屋頂提供給個人、企業或是社團來
參與光電設施架設，並且建立相關機制，讓不同利害關係人有機會
參與光電設備的營運、管理以及推廣。同時也鼓勵民眾於自己的屋
頂上裝設太陽光電，主要透過法規與工具提供、稅收減免，以及最
高 50% 的設備補助，降低裝設門檻；此外，民眾也能以較為優惠的
費率將生產的電力販售給他人使用，使相關投資得以快速回本。

　　除了在技術上的推廣之外，巴塞隆納政府也相當強調能源政策
的實踐必須要讓城市中的居民能夠充分參與，透過學習相關知識與
文化，才有機會轉化成行動。相關資訊傳播主要是透過能源諮詢中
心、不定期的能源議題研討會，以及城市能源教育中心進行。

　❡圖 5–3　巴塞隆納宇宙科學館設立的花型智慧太陽光電板

2. 倫敦太陽光電行動計畫

倫敦市薩迪克．汗 (Sadiq Khan) 市長於 2018 年提出倫敦太陽光電行動計畫 (Solar Action Plan)，希望透過擴大再生能源設備的裝設量以及發電量，讓倫敦市內的太陽光電裝設容量可於 2030 年達成 1 GW，並且於 2050 年完成 2 GW 的目標。

為了達成上述目標，市長從數個面向著手行動。首先是在公有建築物屋頂以及土地上裝設太陽光電，並且鬆綁屋頂裝設太陽光電板的相關管制，以及鼓勵新建物裝設太陽光電；第二，由於太陽光電發電設施之裝設需要一筆經費，為提升大家行動的意願，市政府也提供資金讓一般住宅、公共場所、公共住宅裝設光電設備；第三，提供裝設屋頂太陽光電板的必要資訊，協助民眾瞭解參與太陽光電

┳圖 5–4　倫敦高樓民宅上裝置著太陽光電板

的潛能、相關法規、資訊與資金協助；最後，倫敦市也意識到不能
只有地方政府獨力推動太陽光電的政策，因此也倡議中央政府應修
改相關法制，以支持城市的目標（圖 5-4）。

3.倫敦公民電廠發展基金

　　公民電廠的定義為：一群住在同個社區，或是具有相同願景的
民眾共同成立組織，並出資購買相關再生能源的發電設備，共同經
營電廠的運作，所發出來的電可以供應給公民電廠的成員，或是販
售給其他用戶；至於販售電力得到之收益，則由公民電廠的成員共
享，或是用於公益目的。

　　發展公民電廠的好處，在於社區的民眾有機會使用到自己生產
的電，就不需要向電力公司買電，有機會減少電費的支出；而且這
些太陽光電的相關技術知識原本離一般民眾很遙遠，但是在設立電
廠之後，民眾就有機會近距離瞭解技術知識；此外，因為公民電廠
需要維運，但是參與公民電廠設置的民眾可能已經有原本的工作，
沒有時間兼顧，因此需要另聘專業人士一同協助，如此一來就可以
創造新的工作機會。

　　而倫敦市政府為了促進當地公民電廠之發展，於 2017 年設置了
倫敦公民電廠發展基金 (London Community Energy Fund)，供有意
發展電廠的民眾申請。相關經費申請可以讓社區完成設置公民電廠
過程中不同階段工作，包括可以讓社區先有經費去研究自己的社區
是否適合設置公民電廠，以及詢問社區內民眾的看法。經費也可以
用於在社區中進行技術可行性之研究，比如哪些屋頂比較適合裝設

發電設備？或是估算屋頂面積可以裝多少的發電設備？而確定要設置公民電廠之後，也有補助購買發電所需設備的相關費用。此外，如果社區民眾還沒理解公民電廠的內涵，或是對於技術有些疑慮的話，也可以申請這一筆費用來做能源教育、進行培訓的課程，或是促進不同社區之間的合作網絡。

▍為城市提供穩定、可靠且價格合宜的能源

在城市中，仍有部分民眾無法取得現代能源或電力的服務，需使用較為傳統且高汙染的能源，進而危害到自身健康與周邊環境；另一方面，部分民眾因為缺乏資金汰換較為耗能的電器，導致能源支出高漲，增加生活負擔；此外，近年來高溫、暴雨或是極度低溫之極端氣候現象愈來愈常出現，部分族群住家缺乏適當空調設備以調節溫度，也會為健康與生命帶來威脅。

以下有幾個不同城市的實踐經驗：

1.巴塞隆納能源貧窮改善策略

對於西班牙巴塞隆納來說，氣候變遷帶來的極端高溫嚴重影響居民的健康與福祉，對於社會經濟情況弱勢、健康狀況不佳，以及年齡稍長的民眾而言，更成為受到氣候變遷衝擊的首要群體。為了解決能源貧窮的問題，巴塞隆納運用了以下策略：

(1)鼓勵地方政府內各部門共同合作，建立治理機制以監督與執行氣候行動，致力於解決能源貧窮、促進公正的能源轉型，以及提升社區應對氣候變遷的韌性。

⑵設置能源貧窮諮詢站 (Energy Poverty Advisory Points, PAEs)。資訊站主要提供 3 種服務：第一種為提供諮詢服務或是協助修繕房屋，使民眾能夠取得能源以及提升能源效率。第二種為提升弱勢族群的就業，政府會聘用無法進入勞動力市場的人，並培訓成為專業能源顧問，如此一來，他們不僅可以有一技之長，相關能源知識也有機會擴散。至於第三類服務則是強化民眾的能力建構。

⑶建立氣候庇護網路 (Climate Shelter Network, CSN)。巴塞隆納市政府於 2020 年開始在地方政府的設施或公共空間——例如學校、博物館、圖書館以及公園設置庇護所——改善通風、遮陽與綠化，建立一個舒適的環境，提供給一些低收入社區或老年人來使用，減少因為夏季高溫所造成的健康風險。此外，為了要讓這些設施能夠被需要的人使用到，巴塞隆納也透過網站、手機 APP、分發小手冊，或是設立諮詢站分享站點位置資訊，讓有需要的人可以快速瞭解庇護所的地點。

2. 倫敦燃料貧窮計畫

為了消弭城市中的能源與燃料貧窮，倫敦市政府於 2018 年提出燃料貧窮行動計畫 (Fuel poverty action plan for London)。此計畫的開展主要是由於根據統計數據，倫敦市境內約有 33 萬家戶具有燃料貧窮的問題，這些家戶的住宅缺乏適當的供暖系統，而長期居住在寒冷、潮溼的居住環境容易造成心理與生理的問題。

倫敦市主要透過三大途徑改善燃料貧窮的問題：

⑴**提升經濟能力：**市政府會發放福利或是介紹工作機會，提高弱勢族群的收入，讓這些人有能力支付能源帳單。

⑵**減少能源需求與消耗，間接降低負擔：**促進倫敦市內既有房屋的能源效率，並且針對新建物提出能源效率標準，促進隔熱的功能，以減少空調使用的需求，降低能源支出。

⑶**降低能源價格，減少民眾負擔：**由市政府協助成立能源公司，以較為優惠的能源價格減少能源貧窮族群的能源支出負擔。或是由城市或社區共同採購較便宜的再生能源來源電力，直接降低民眾的能源支出。

在美國，許多城市以及州政府已長期採用社區選擇權聚合方案(Community Choice Aggregation, CCA)，此方案也可以被稱為地方政府聚合計畫。簡單來說，就是集合眾多居民一起購買再生能源電力，並且由地方政府出面，向電力公司議價，這樣就有機會讓民眾以較低價格購買到再生能源電力，如此一來民眾也會有較高的意願使用清潔的電力。以美國來說，透過整合方案，有機會取得價格低於市價 15～20% 的電力。而當清潔電力的需求提升之後，也會帶動電力公司以再生能源生產電力之意願。

社區選擇聚合的方案主要為自願性參與，參與方案的民眾具有選擇退出 (opt-out) 購買方案的權利。在計畫開始前，民眾會收到相關通知，當民眾不願意參加此方案時，就可以選擇購買原本電力供應商所產生之電力，至於沒有任何回應的民眾就會被納入此計畫中。

以美國加州北方與中央海岸社區選擇聚合 (Northern and Central Coast Community Energy) 為例，這些組織於 2021 年組織了新的共同電力管理單位 (Joint Power Authority, JPA)，名為加州社區電力 (California Community Power)。透過此管理單位就可以擴大集體購買的力量，購買到更有成本效益競爭力的穩定能源、提升議價能力、提升再生能源與儲電方案之採購能力、減少風險，以及提升創新的機會，透過上述措施，有機會強化地方與加州的氣候目標。在加州社區電力計畫中，總共涵蓋了 260 萬用戶、660 萬人，以及包含 140 個地方政府。

結　語

本章介紹了 SDGs 中 SDG 7 的內涵，並以城市的視角切入，透過城市能源轉型的具體案例，讓大家可以對於城市推動相關策略有更多的認識，以及促進未來行動的想像。透過城市提供可負擔、穩定、永續及現代的能源，可帶動新技術與商業模式之發展、推進地方經濟發展與增進就業機會，以及提升社會平等與環境品質，而相關的執行經驗也可以作為其他城市和國家的施政參考。

為了讓城市持續實踐 SDG 7 的目標，可以朝以下方向努力：

1. 制定長期政策願景與城市規劃

實踐能源轉型以及城市 2050 淨零目標是漸進與長期的過程，並

涉及制度、技術、基礎設施與行為之變化，因此城市或地方政府應提出長期的願景與政策。另一方面，也需重新檢視城市設計與規劃，使城市成為有利於再生能源發展、節能行動、淨零轉型的場域；同時也應確保資金永續性，讓能源政策規劃得以實踐。

2.促進民眾參與以強化包容性

城市在制定能源政策過程，應該持續瞭解利害關係人的需求及意見，以及可能的疑慮與負面影響；並透過制度讓不同民眾有管道參與能源政策與策略之制定與推動；同時也必須考慮到城市之內之弱勢群體，減緩轉型過程的衝擊，並確保他們的健康與生活品質。

3.擴散能源知識與鼓勵民眾行動

城市或地方政府透過可透過政策宣傳、培力課程以及資訊傳播強化城市中居民了解節能、能效提升以及再生能源相關的技術內涵，以及行動可帶來的效益，民眾就會更有意願參與能源行動，例如減少能源使用，或是投入公民電廠的設立與運作。另一方面，地方政府可透過個案示範、獎勵、社區參與等方式，鼓勵民眾採取行動。

4.結合智慧科技驅動城市能源轉型

城市與地方政府可善用資通訊與數位技術，例如裝設智慧電表，收集和共享各種城市能源使用與生產相關的數據，作為改善與強化能源系統運作效率、穩定性之參考；也有助於提升應對突發事件的能源系統韌性；而資通訊技術也可以用於鼓勵民眾用電行為之改變，例如透過智慧監測或是控制系統讓民眾瞭解自身的用電狀況，減少能源浪費，養成節能之行為。

5. 促進城市國際連結

再生能源涉及了不同專業知識，城市可利用區域或國際間協作網絡來學習、分享相關知識與經驗。區域網絡組織包括：全球氣候與能源市長聯盟 (Global Covenant of Mayor for Climate and Energy)、歐洲能源城市協會 (Energy Cities)、C40 城市聯盟 (C40)、地方政府永續發展理事會 (ICLEI - Local Governments for Sustainability)，這些網絡組織蒐集、彙整與分享不同城市永續政策經驗，可以作為很好的知識取得管道。

隨著全球氣候治理變遷，2050 年達成淨零排放已成為全球各級政府、社會與企業共同追求之目標。如果要簡單地定義淨零排放，就是指在一定期間之內，大氣中人為造成與移除的溫室氣體總和為零，主要需透過兩大管道達成，首先必須要盡可能降低溫室氣體排放，至於原本就已存在的溫室氣體，則需透過自然或是人為技術從大氣中移除或吸收。

根據統計資料顯示，世界各國的各個城市皆積極投入於實踐淨零排放目標，至 2022 年 9 月，全球已有 1,136 個城市承諾推動 2050 年淨零排放❺。由於能源使用為城市的溫室氣體排放之主要來源，所以為了延續實踐 SDG 7 的政策行動，城市須於能源提供與消

---

❺ 《聯合國氣候變化綱要公約》成立了淨零全球行動 Race to Zero Campaign，協助不同的非國家行為者參與，並共同促進淨零排放目標之達成，相關內容可參考網頁：https://racetozero.unfccc.int/system/race-to-zero/

費上推動基礎建設、電力設施、電力管理、民眾用電行為之徹底改變。此外，各城市也必須考量自身的條件來提出適當的政策。

　　除了單一城市採取行動外，由於溫室氣體的排放責任並非限縮於單一城市之內，因此與鄰近城市、不同層級政府，或是國際行為者的合作與協作也很重要。唯有促進全球不同行動者的努力，才有可能於 2050 年之前達成淨零排放的目標，持續向永續發展邁進。

chapter **6**

臺灣海洋保育面面觀

審定｜臺灣環境資訊協會祕書長　陳瑞賓

彙整改寫｜許君咏

前　言

　　我們常說，海洋是地球的母親，因為她孕育了生命的起源。從人類生存的角度來看，自遠古時期，人類便依海而居，因為海提供了大量的食物與資源。面積占全球七成的海洋，是地球上生物多樣性的寶庫。此外，海洋也吸收人類活動產生的二氧化碳，使地表溫度維持穩定。

　　海洋的存在與健康是保證生物生存的關鍵，並影響著全球氣候和環境。然而人類活動及氣候變遷，如漁業過度捕撈、汙染和海岸線發展，正在破壞海洋生態，影響生物生存和地球生態系統的穩定。

　　在聯合國 2030 年永續發展目標中，第 14 項 Life Below Water 是保育和永續利用海洋生態和海洋資源，包含減少海洋汙染、減緩海洋酸化、永續管理及保護海洋海岸生態系、有效規範捕撈活動、發展科學研究技術等。

　　四面環海的臺灣，加上離島海岸線全長約 1,500 多公里，且臺灣位於熱帶、亞熱帶的交界，由於海流、地質、地形多變，造就岩岸、沙岸、珊瑚礁、紅樹林、河口等多樣的海洋生態系，如同生命的搖籃，提供海洋生物棲息及繁衍的家園，這便是臺灣鄰近海域擁有豐富生物多樣性的原因，光是魚類就達近 3,000 種，占全球十分

之一；全球 7 種海龜有 5 種會在臺灣出沒；珊瑚種類更達全球約三分之一！臺灣的陸域面積不到全球的萬分之三，卻擁有將近十分之一的海洋生物。

然而，在長期的漁業消耗、汙染開發，以及氣候變遷等各種壓力下，臺灣的海洋生態每況愈下。對於生活在這座島上的我們，海洋是個又近又遠的存在，望著海浪總能令人感到平靜，但關於海的一切，海面下藏著什麼，又面臨著哪些威脅，我們卻不得而知。

其實臺灣海洋保育的歷史並不長，究竟在時間的長河中，過去發生了什麼事？現在又遭遇哪些困難？未來如何永續共存？

歷史沿革

臺灣是一座海島，生活、文化皆與海洋息息相關，但過去受到政治、國防的侷限，多數人對海洋環境的瞭解有限。解嚴之後，人們才可以走到海邊，獲得親近海洋的機會，成為認識海洋的起點。因此，海洋保育相較於其他臨海國家，起步較晚。

而海洋保育的發展也和社會變遷緊緊相依，讓我們將時間倒回 1996 年至 1997 年間，產業結構轉變，在工業經濟蓬勃發展下，工業區設置在海岸附近，讓西部沿海幾乎被大型工業區所圍繞，在潟湖、潮間帶等生物棲地進行開發，引起海洋及鳥類保育等剛起步的環保團體關注。當時團體間互相支援，主要以個案的形式守護海域。

2010 年左右，國光石化預計在彰化大城芳苑溼地設廠，然而興建位置為中華白海豚臺灣海峽東岸族群的棲息範圍，此族群的保育情況被國際自然保護聯盟 IUCN 列為「極危」，因此這項計畫被臺灣蠻野心足生態協會、臺灣媽祖魚保育聯盟、彰化縣環境保護聯盟等環境團體反對，環境資訊協會發起「全民來認股守護白海豚」，透過環境公益信託方式，向大眾募資購地。

除環保團體間的合作外，海洋環境也逐漸為地方居民所重視，共同推動重要議題。2003 年，由於核電廠需要水冷卻反應爐的冷凝器，故多設廠於海邊，像是墾丁、東北角等生物多樣性高的海域，以便不斷汲入大量海水。因此廢熱的溫排水成為核電廠必然的產物，升溫海水對當地生態造成衝擊，沿海居民便發起運動反對相關建設。

2004 年，澎湖在地環保人士擔心觀光熱潮所帶來的負面影響，邀請環境資訊協會踏查東嶼坪，投入在地守護運動，後來舉辦澎湖生態工作假期，帶領志工淨灘及進行潮間帶調查，以環境友善的方式認識東嶼坪的美。

海岸線的開發不僅為了工業，有時也舉著觀光的大旗。2008 年上映的《海角七號》，在全臺造成轟動，劇中的一句「山也 BOT、海也 BOT、什麼都要 BOT」其實不只是電影臺詞，也是臺灣海洋保育曾面臨的挑戰。未開發海岸的天然景致，讓財團看見龐大商機。著名的臺東杉原灣開發案便是倍受爭議的一例，2005 年簽訂 BOT 50 年合約後，十多年來經過環保團體提出停止訴訟及多次環評，終於在 2020 年仲裁結果出爐。在海岸開放後，迎接而來的並非守護，

而是一場環境保護與觀光的賽跑，杉原灣只是備受矚目的一案，臺灣東部與南部的海岸，恐怕還有不少類似的觀光開發計畫等待發動的時機。

瞭解臺灣海洋保育的歷史沿革後，再來聊聊臺灣海洋保育遇到哪些挑戰。

珊瑚礁生態

近年來，到海邊玩時，經常可以聽到人們呼籲「下水（海）不要擦防曬」。因為防曬油裡的化合物會導致珊瑚白化，也因此有些國家，例如帛琉、泰國等已禁止使用有相關成分的防曬品，可見珊瑚礁生態已經愈來愈為人重視。其實防曬油只是珊瑚白化的原因之一，現今珊瑚礁生態面對的難關不只如此，接著就讓我們來談談珊瑚礁是什麼？又面臨到哪些威脅？以及可以怎麼努力？

▎為什麼珊瑚礁生態很重要？

有人說，珊瑚礁是海洋裡的熱帶雨林，因為珊瑚礁提供許多海洋生物避敵、繁殖、棲息的空間，珊瑚的面積愈大、種類愈多，便可以提供愈多類型的棲地。在《海底總動員》裡，珊瑚礁就如同一個大社區，有公寓、平房、大樓等各種空間，能夠容納不同的生物棲息。珊瑚礁雖然只占海洋總面積的 0.1%，但提供約四分之一（約

5 萬種）海底生物棲息，而生物們透過食物網互相連結，因此珊瑚礁是世界上生物多樣性最高的生態系之一。除了是海洋生物們的避風港之外，珊瑚還能作為災難防護線，可以在暴風期間幫忙降低 70% 的海浪高度，減少 97% 波浪能量。

臺灣的珊瑚礁生態

臺灣位於熱帶和亞熱帶之間，又有黑潮流過，臺灣南部、北部、東部和各離島的沿岸都可以看到珊瑚，不過並非有珊瑚的地方就會形成珊瑚礁，必須在建造作用大於破壞作用的環境才有機會發育，例如墾丁、綠島、蘭嶼等海域便有珊瑚礁群落，規模雖不到世界的千分之一，卻有全球約三分之一的珊瑚礁物種，在 1970 年代，全球市面上所販售的寶石珊瑚，有八成都是由臺灣出口的，因此當時臺灣也被稱為珊瑚王國。

事實上，珊瑚生長非常慢，每年大約只增長 1 公分左右，因此我們在海裡看到的珊瑚礁，其實是經過數十、數百年的生長，才長成我們眼中一大片五彩繽紛的模樣。而且珊瑚對生長環境要求非常嚴格，從水溫、混濁度到酸鹼值等環境條件，都會影響珊瑚的生存。

珊瑚白化是怎麼發生的

第一次見到珊瑚的人可能會以為牠們是一株美麗的植物，事實上，珊瑚是稱為「水螅體」的刺絲胞動物所構成的群體，水螅體細胞裡的「共生藻」是珊瑚色彩的來源，在 23～28 ℃ 間生長最好，

且必須有充足的陽光，讓共生藻行光合作用，但當珊瑚面臨環境壓力，像是水溫太高、汙染等因素，大多數造礁珊瑚便開始排出共生藻，因而失去顏色與養分，進而影響珊瑚生長跟繁殖，導致珊瑚不產卵或幼苗無法傳播，甚至可能死亡，只剩下珊瑚骨骼。

　　臺灣最廣為人知的珊瑚白化事件，是在 1987 年核三廠剛開始運轉時，溫排水影響，造成墾丁局部地區的珊瑚出現過白化死亡現象。核電廠之所以排放溫水，是因為原子反應爐運轉時會產生高溫，為避免發電機組過熱而導致故障，需要使用大量的水來降低溫度，海水並非直接進到反應爐中，而是引用海水與接觸到爐心的爐水來進行熱交換，把熱傳給海水排出去，溫排水就這樣產生了。而臺灣河川流量四季不均，所以臺灣除了水力發電外，其他大型電廠多興建在濱海地區，臺灣的四座核電廠從新北石門的核一廠、萬里核二廠、貢寮核四廠，以及屏東恆春核三廠，皆與海為鄰，就是為了冷卻水和原料取得方便。然而珊瑚對環境溫度十分敏感，造礁珊瑚通常生長在 18～30 °C 的淺海，若多日持續暴露在 30 °C 以上的水溫則會造成白化，珊瑚的死亡也會迫使其他物種搬家，甚至滅絕。核電廠排放的溫熱冷卻水，竟意外造成沿岸珊瑚礁的重大傷害。

▌氣候緊急時代，珊瑚面對的危機

　　隨著近年氣候變遷，科學家透過長期監測發現海水溫度上升，2020 年臺灣發生第二次大規模白化，那是臺灣 56 年以來首度沒有颱風登陸的夏天，颱風除了帶來雨量，其實也可以幫助海洋降溫，

少了颱風擾動，珊瑚長時間泡在高溫海水中，熱到受不了，相繼發生程度不一的白化現象。

關於珊瑚白化的規模，目前學術界將珊瑚白化程度分為 6 個等級，1～3 級的珊瑚在溫度降低後還有機會回復，但白化等級在 4～6 級的珊瑚基本上都將走向死亡。2020 年全臺有約三分之一的珊瑚白化等級達 4 以上，又以小琉球最嚴重，損失超過一半的珊瑚；而在 1998 年，全球發生第一次珊瑚大白化時逃過一劫的東北角，也發生了有紀錄以來首次大白化事件，算是前所未見的規模。

然而，在溫室氣體日益增加下，珊瑚所面臨的危機不只是海水溫度升高，緊接在後的還有海洋酸化的威脅。海洋吸收了地球上絕大多數的熱與二氧化碳，二氧化碳溶解在水中後形成碳酸，海水變得更酸，而珊瑚骨骼由碳酸鈣所組成，在碳酸濃度高的海水中會被溶解，也會抑制珊瑚生長，被魚類啃食或其他自然侵蝕後更是不易復原。除此之外，旅遊熱潮帶來的觀光人口過多、民生廢水排放、踩踏潮間帶珊瑚等，也無疑是對白化珊瑚雪上加霜。

▍珊瑚礁也要做健康檢查──珊瑚總體檢調查

前文說過珊瑚白化就像是我們人類生病一樣，想要預防生病，就需要定期作健康檢查。國際珊瑚總體檢基金會 (Reef Check Fundation) 從 1997 年發起全球珊瑚礁現況調查，除瞭解珊瑚狀況外，也會記錄魚類和其他無脊椎動物等指標物種，以瞭解當地生態情形。

🐋圖 6-1　珊瑚礁體檢對當地生態也有所瞭解

　　臺灣珊瑚礁學會從 1998 年開始在臺灣進行珊瑚礁體檢的工作，臺灣環境資訊協會於 2009 年開始加入珊瑚礁體檢的行列。號召各地潛水志工一起幫珊瑚作健康檢查。珊瑚體檢行動最特別的地方在於，調查人員主力並非科學研究人員，而是在地潛水業者與潛水員，希望透過這些原本就熟悉且熱愛海洋的志工，在接受過科學指導員的行前教學後，將海洋監測融入潛水活動中，讓潛水愛好轉化成守護海洋的行動。而這些行動累積下的監測資料十分珍貴，當親眼所見變成連續的科學數據時，才能提供較為嚴謹的結論，在關鍵時刻作為有力的依據。

　　例如 2016 年莫蘭蒂颱風重創小琉球，珊瑚礁也受到嚴重衝擊，隔年環境資訊協會偕同珊瑚礁體檢志工重回原地，調查珊瑚礁復原情形。同年，在珊瑚礁體檢後，發現蘭嶼首度出現蝕骨海綿 (*Cliona spp.*)，這是一種在加勒比海地區相當惡名昭彰的海綿，因為牠的骨針比較強壯，不容易被颱風刮除，大面積占據礁盤，不利於其他附著生物生長，會與活珊瑚競爭底質的生活空間。

　　而 2020 年臺灣珊瑚礁體檢報告，除了發現前述提及的珊瑚大量白化外，也觀察到臺東杉原地區泥沙覆蓋率高達 60%，是從 2009 年起環境資訊協會開始在此進行珊瑚礁體檢以來，泥沙覆蓋率最高的一次，可能是當年沒有颱風過境臺灣，使海水交換變差，或是沿岸工程讓泥沙進入灣內，詳細主因仍須研究調查。泥沙覆蓋會對珊瑚的生存造成影響，如果泥沙覆蓋在珊瑚上，可能會讓珊瑚不能呼吸，或讓共生藻沒辦法行光合作用，若覆蓋在岩石上，則會增加珊瑚附著生長的難度。

　　透過珊瑚礁體檢，調查團隊能夠發現珊瑚礁生態系的現況，以及目前所面臨的問題，進一步深入研究，並從行動作出改變，做完體檢後，才能發現問題、對症下藥。

▍珊瑚復育行不行

　　在體檢之外，還可以更積極地復育珊瑚礁。根據聯合國《珊瑚復育指引報告》，指出珊瑚復育已成為維持海洋生態的有效策略，目前至少有 56 個國家進行珊瑚礁種植計畫，包括美國、印尼、菲律賓等國。那珊瑚要怎麼復育呢？

　　基本上，珊瑚復育的方式可以分為無性繁殖和有性繁殖，生長在海底原有珊瑚礁、人工漁礁或人工養殖池。目前根據經驗，最有效的方式是分株，用吊、插、綁、黏等方式，把珊瑚苗固定在基座上開始無性繁殖；而另一種有性繁殖的方式是，蒐集多樣的珊瑚幼苗，在人工池裡復育，長大後再移植回大海，這種作法的好處是基因多樣性較高，珊瑚較能面對環境變異。臺灣海洋保育署、澎湖縣水產種苗繁殖場、農委會水產試驗所等，分別在臺灣各地進行珊瑚復育。非營利組織臺灣山海天使環境保育協會在東北角海邊承租一口九孔池，從 2015 年開始培育珊瑚，在整地之後移除人為設施，接著進行珊瑚苗移植，讓九孔池生態盡可能回歸自然，就像照料一座海邊花園，成為海洋的珊瑚種苗庫。

海洋廢棄物

　　除了珊瑚白化的危機外，先前的珊瑚礁體檢團隊，也在調查過程中發現海底有許多垃圾，人類雖然生活在陸地上，但我們製造的廢棄物卻會漂到海上，甚至沉入海底，這些海洋廢棄物到底從何而來？又會如何影響環境及生活？

▍垃圾帶走的不只是乾淨的海，還有珍貴的生命

　　塑膠垃圾正是現今海洋所面臨的嚴峻問題之一，估計每年有800 萬噸的垃圾流進或被丟進海裡。

　　其實早在 2003 年，臺灣開始有淨灘活動，起源於一個單純的想法，就是希望臺灣的海岸能變乾淨，讓在海灘遊玩的回憶不會被髒亂惡臭所汙染，人們逐漸開始清理海灘，並召集更多人一起進行。

　　到了 2012 年，一部名為《中途島》的紀錄片發行，內容講述位於太平洋的中途島，在夏威夷北方、亞洲和美洲中間，島上只有 50 名居民，也是 150 萬隻信天翁的家，是世界上距離大陸最遙遠的島嶼之一，離人口密集的都市好幾千公里遠，但這座小島卻面臨嚴峻的塑膠垃圾問題。片中的海灘一眼望去，盡是各色塑膠垃圾，更令人怵目驚心的是，在一具雀鳥屍體周遭，一團羽毛中混雜著塑膠瓶、玩具、彩色筆，甚至打火機等垃圾。在島上棲息的鳥類將垃圾吞下肚、哺育下一代，每一隻信天翁都可能因為吃下塑膠而死亡，牠們肚子裡充滿了垃圾，死亡後屍體自然分解，留下一堆堆塑膠垃圾。

🌱 圖 6-2　與塑膠垃圾一同成長的信天翁幼鳥

人們發現塑膠垃圾引發的問題，並非只是觀感不佳那麼簡單，而是會危及許多生物的性命，對整個生態造成傷害。

在臺灣，海洋生物因誤食塑膠而喪命的新聞頻傳，例如 2015 年在八掌溪口沙洲上死亡的抹香鯨，解剖後發現鯨肚中塞滿了漁網和塑膠袋，體積約一個怪手的車斗，可能就是導致牠無法進食，間接致死的原因。以及從小琉球海龜體內拉出塑膠袋的事件，由於被海藻附著、經陽光照射的塑膠袋，外型與海龜主食「石蓴」相似，海龜難以辨認便直接吞下，大多數誤食的海龜，因腸胃蠕動無法將塑膠袋及空氣排出，最後脹氣漂浮在水面上，逐漸失去活力。根據國立海洋生物博物館獸醫師李宗賢發表的研究，無法下潛的海龜，死亡率是可潛水海龜的 30 倍，漂浮海龜若沒有被發現、救助，等於是漂在海面上等死。

環境保護意識漸漸進入人們生活，透過網路媒體宣導，「淨灘」成為一種全民運動，吸引愈來愈多人，為了臺灣海洋生態訴諸行動。

▋不只淨灘，重點是藏在垃圾中的數據

但是幾年下來，淨灘依舊，垃圾仍在，這個現象似乎告訴我們，光靠淨灘要解決海邊的垃圾是不夠的，那還能做什麼呢？

每次淨灘除了解決海岸垃圾問題外，更重要的是透過親身經歷，讓更多人理解海岸廢棄物為何會出現在腳邊的海灘，並調整生活習慣，開始重複使用物品、減少垃圾產生。

　　黑潮海洋文教基金會在 2006 年，引進國際淨灘行動 (International Coastal Cleanup, ICC) 這項國際海灘廢棄物監測計畫。在淨灘過程中，紀錄撿到的海灘垃圾的種類和數量，開啟臺灣民間調查海洋垃圾的工作。與世界各國的非政府組織共同合作，各自邀請志工到海濱、溪流、湖泊等水域進行淨灘，使用統一的分類、表格，記錄廢棄物的來源、種類和數量，彙整世界各地的數據、比較差異，幫助瞭解各地海洋廢棄物的來源，進而用在一般民眾的環境教育上，也能實際影響政策制定。

　　2012 年，黑潮海洋基金會、臺南市社區大學、臺灣環境資訊協會、國立海洋科技博物館籌備處和荒野保護協會，這 5 個長期關心海洋廢棄物的非營利組織組成「清淨海洋行動聯盟」，後來擴大成由綠色和平、荒野保護協會、慈心有機農業發展基金會、海洋公民基金會、蠻野心足生態協會、環境資訊協會、黑潮海洋基金會、海湧工作室此 8 個民間團體與環保署共同啟動的 「海洋廢棄物治理平臺」，並推出「海洋廢棄物治理行動方案」，希望由源頭減量、預防與移除、研究調查、擴大合作參與等四大面向，結合環保團體和政府機關單位的力量，帶動社會的關注和響應。

　　淨灘了將近 10 年，根據 2021 年臺灣 ICC 海洋廢棄物統計，占據前三名的廢棄物種類是：塑膠瓶蓋、寶特瓶、吸管，若根據材質區分，塑膠類超過九成，而如果進一步依用途分類，會發現將近 80% 是一次性飲食使用的餐具、包裝。這些數據也推動相關政策的制定，如環保署於 2018 年提出「2030 限塑目標」，針對一次性塑膠

製品規劃減用時程表，購物提袋、免洗餐具、一次性飲料外帶杯和塑膠吸管，都逐步由以價制量、限用，到未來全面禁用，希望藉此力挽撲向海灘的垃圾狂瀾。

▌堆垃圾的美麗海灣

不僅在本島的海岸，臺灣周圍的美麗離島同樣面臨著堆積成山的垃圾問題，觀光帶來人潮，卻也留下許多島上無法消化的垃圾。

居民約 5,000 人的蘭嶼，每年平均有 13 萬人次旅客湧入，約產生 1,200 多噸垃圾。面積相當於 23 座標準泳池的垃圾掩埋場，卻已幾乎被填平，臺東縣環保局委外廠商把垃圾海運到本島焚燒，但外運成本幾乎是臺東其他鄉鎮的 7 倍 ，讓蘭嶼的垃圾危機更難以解決。蘭嶼中學學生和當地人發起「#多背一公斤」活動，號召遊客們背 1 公斤垃圾回臺灣，島上各大店家也紛紛響應活動，自己的垃圾自己帶，減少蘭嶼的垃圾承載量，才能讓小島維持她的美。

位在屏東的小琉球也是受觀光衝擊環境生態的島嶼之一 ，從 2017 年起，大鵬灣風景區管理處與海湧工作室合辦「小琉球愛龜淨灘接力賽」，參與者可以用垃圾換取「海廢貨幣」，是在地藝術家林佩瑜在海廢玻璃上繪製海龜、鬼蝠魟等海洋意象而成的貨幣，可以在島上甚至東港部分店家當現金使用，曾被觀光局選為到小琉球必做的事情，如今甚至發行 NFT，希望讓更多人在看到小島風光的同時，也能意識到環境保護的重要。

希冀未來到海邊時，能看見我們留下的只有腳印，沒有打火機，也沒有寶特瓶。

生態與經濟──漁業

　　四面環海的臺灣，黑潮流經東部，地形影響產生湧升流，原本得天獨厚，具有豐富的海洋資源，然而近年海洋生態警報頻傳，主要漁獲也大幅縮減。根據國際調查，臺灣附近海域健康狀況，在全世界 220 個地區中排名 168，滿分 100 分的健康指標中拿 64 分，低於全球平均 69 分。海洋資源耗竭是當今人類面臨的嚴峻挑戰，除了氣候變遷、廢棄物汙染、棲地破壞之外，過度漁撈也是原因之一。

　　海鮮是人類獲取蛋白質來源之一，在臺灣人的飲食生活扮演著重要角色，但在海洋資源枯竭下，未來或許無法「年年有魚」，此時「永續漁業」的概念便應運而生。

▎什麼是永續漁業？

　　根據非營利組織海洋管理委員會 (Marine Stewardship Council, MSC) 提出的永續漁業標準，需要符合 3 個主要原則：

　　1. 捕撈魚種符合永續生態：禁止捕撈保育魚種或過度濫捕。

　　2. 減少對環境的影響：捕魚作業過程須避免對棲息地的破壞或汙染。

　　3. 漁業營運管理：必須遵守相關法律，有良好的人員經營等產業生態管理。

　　推動永續並非意味著不能吃海鮮，而是以海洋友善的方式捕撈、消費，例如消費者不買珊瑚礁魚類、黑鮪魚等瀕危海洋生物，漁民不用對海洋環境造成傷害，像是炸魚、底拖網等，或是容易意外抓捕非目標生物的漁法，如流網、刺網。

　　政府也必須落實海洋保育與管理，為因應國際規範，從 2017 年起，所有 10 噸以上的漁船進港時，都必須主動申報卸魚量，如此便可掌握沿近海主要水產品的捕獲量，有助於瞭解海洋的資源量，擬定正確的漁業政策，是永續漁業管理的開始。

▌大家最關心的「到底該怎麼吃海鮮？」

　　這時便要提起「永續海鮮標章」，目前已有英國 MSC、日本 MEL Japan 等海鮮生態標章，全球發展出超過 100 種的永續海鮮標章，臺灣則由財團法人臺灣海洋保育與漁業永續基金會推出「海洋之心生態標章」，參考聯合國糧農組織強調的三大原則：確保魚群永續、保護海洋環境與有效漁業管理，加上企業社會責任。希望能凝聚大家對永續海鮮的意識，並鼓勵漁民用永續的方式捕撈，讓臺灣下一代也能夠「年年有魚」。

如何與海洋永續共存

前面我們提到許多海洋正在遭遇的危機，接著來談談，在永續的路上，海洋扮演著什麼樣的重要腳色，以及社會因應海洋保育發生哪些改變。

因應氣候變遷，臺灣宣布 2050 淨零碳排，也就是目標在 2050 年之前達到二氧化碳排放量與吸收量抵銷，其中一項關鍵策略便是自然碳匯，而吸收了全球碳排放 20～30% 的海洋，固碳功能不輸森林，理所當然被納入長期發展減碳潛力的領域，所有被海洋生物從大氣中吸收與儲存於生態系的碳，稱為「藍碳」。

藍碳不僅來自海洋本身，也包括紅樹林、海草床、鹽沼等沿岸生態系，它們的儲碳能力比陸地森林還高出數十倍，歸功於沿岸生態系極高的初級生產力，不論是根、莖、落葉、枯枝都能夠發揮固碳功能，根據海洋保育署調查，臺灣紅樹林面積約 680.7 公頃、海草床 25.3 公頃、鹽沼 187.39 公頃，是發揮藍碳潛力的重要資產。

像是紅樹林這樣的沿岸生態系，除了能固碳外，也是生物的棲地，需要用心維護及保育，而想保存豐富的生態棲地，可透過「環境信託」作為環境保護及棲地保育的管道。

2000 年，臺灣環境資訊協會創會時，便嘗試將國外行之有年的環境信託在臺灣實現，和大家熟悉的租借、認養棲地不同之處在於

「恆久」，不會因為期間一過又面臨變動。環境信託的核心價值在於人人皆可以參與，有錢出錢、有地出地，再將其委託給可以信賴的人或組織，簽訂永久的環境信託契約，使棲地環境不只交給政府或私人掌握，並且在法律保障下能夠永續經營。

過去臺灣有關環境信託的第一個案例，便是先前提及的國光石化開發案，因環評未過，將石化科技園區從雲林移到彰化西南角海埔工業區，但國光石化興建位置是被列為瀕危物種的中華白海豚棲息地。後來公民團體發起「濁水溪口海埔地公益信託」，以「全民來認股守護白海豚」為口號，反對國光石化開發案。當時引起社會關注，除彰化高中學生發起靜坐反國光外，國小家庭連絡簿裡也會貼著鼓勵認股的紙條，激起大眾對棲地保育的環境意識。

在現今社會，人人都有機會關心所重視的環境議題，除了環境信託外，另一種參與的方式是「公民科學」。公民科學指的是科學家和志工合作從事研究，能夠擴大收集科學數據的機會，甚至共同參與從數據到產出結果、影響政策等，前述提及的珊瑚礁體檢和ICC海洋廢棄物統計，以及推動海龜保育的「海龜點點名」、收集水下目擊軟骨魚的「鯊魚魟魚目擊回報」等，都算是公民科學。臺灣的公民科學在陸地已深耕多年，而且蓬勃發展，而海洋環境的公民科學正逐漸萌芽，愈來愈多有志之士加入守護海洋的行列，一起為永續海洋盡力，人人都可以是公民科學家。

除了社會愈來愈關注海洋保育而變遷外，生態研究也延伸出新方向，過去的研究受限於經費、人力，時常無法收集長期、連續的

資料，而每個地區的自然環境不同，面臨的問題多樣且複雜，雖然研究主題是生態，但也往往與當地社會息息相關，卻缺乏足夠的背景資料作為評估的依據。為瞭解全球變遷對自然生態系統和人類社會的衝擊，需要長時間監測調查，因此在 2023 年開始「臺灣長期社會生態核心觀測站」計畫，在不同地區聚焦核心在地議題，有了資料累積，便能夠在應對變遷時，有堅強的科學資料作為後盾。例如現有觀測站彰化站，便針對芳苑鄉進行底棲生物調查和水質觀測，而綠島站則是關注觀光發展、珊瑚礁魚類等議題。

　　讀到這裡，可以發現推動海洋保育需要社會各方的協力合作，需要有更多被感動的人投入行動。唯有一起參與和影響身邊的人，找到屬於人與自然的和諧平衡，為彼此保留多一些生存空間，才是與海洋永續共存之道。

chapter 7

後疫情時代的公衛危機與轉機

講者｜成功大學公共衛生研究所特聘教授　陳美霞

　　新冠疫情已經在世界流行、肆虐 3 年多了，目前的情況已經好轉，現在病毒的傳染力雖然還很強，但致病及致死率降低。過去這 3 年，大家面對疫情心慌意亂，很多問題沒辦法好好思考；現在脫離緊急狀態，終於可以定下心來看看疫情給了我們什麼教訓。

新冠疫情有多嚴重

🌱表 7-1　新冠疫情各國確診、死亡情形

統計至 2023 年 9 月 13 日為止（單位：人）	確診病例（萬以下四捨五入）	每百萬人確診病例數（千以下四捨五入）	死亡人數（千以下四捨五入）	每百萬人死亡病例數
全世界	7 億 7,056 萬	9.7 萬	695 萬	872
美國	1 億 343 萬	30.6 萬	112.7 萬	3,332
印度 (9/17)	4,499 萬	3.2 萬	53.2 萬	375
法國	3,899 萬	60.3 萬	16.8 萬	2,599
德國	3,843 萬	46 萬	17.5 萬	2,099
巴西	3,771 萬	17.5 萬	70.5 萬	3,273
南韓	3,457 萬	66.7 萬	3.6 萬	693
日本	3,380 萬	27.2 萬	7.4 萬	603
義大利	2,597 萬	44.0 萬	19.1 萬	3,242
臺灣	1,024 萬	43.8 萬	1.7 萬	755

　　新冠疫情統計截止至今，全世界有 7 億 7,000 多萬 (9.6%) 的人確診，有近 700 萬 (0.087%) 的人死亡。表 7–1 列出一些國家的總確診數、總死亡人數、每百萬人的確診病例數及死亡病例數。

　　除了看出全世界的疫情嚴重外，我們也可以比較各個國家或地區的狀況。可以注意到，這一次新冠疫情影響最大的國家是美國。

　　這個結果令人意外──美國那麼有錢、那麼先進的國家，怎麼會 1 億多人確診，死亡人數 110 多萬，非常嚴重。其他幾個國家，像印度、法國、德國、巴西、南韓、日本、義大利，也都很嚴重，確診的數字都是數千萬以上，死亡的人數也很多。

　　至於臺灣，比例也很高，大概 2 個人裡面就有 1 人確診，共有 1 萬多人死亡。

　　總之，表 7–1 顯示新冠疫情在全球有顯著影響。

新冠疫情的影響

　　大量的患病與死亡，不僅僅是人的健康受影響、失去生命，也影響到經濟、政治、社會等等，可以說是巨大的危機。西方世界在 1930 年的經濟大蕭條就是類似這樣的巨大危機；聯合國認為，新冠疫情流行是經濟大蕭條、二戰之後世界最大的危機。刊在 2022 年 5 月 15 日《紐約時報》頭版的圖 7–1，看來十分震撼，它把死亡的人都標記在美國的國家地圖上面。

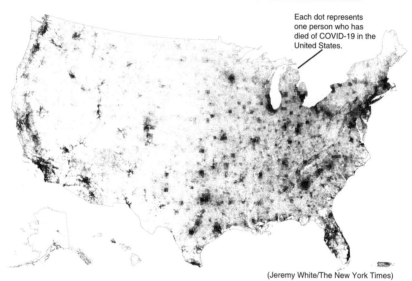

ONE MILLION
A NATION'S IMMEASURABLE GRIEF

Each dot represents one person who has died of COVID-19 in the United States.

(Jeremy White/The New York Times)

▼圖 7–1　2022 年 5 月 15 日《紐約時報》頭版

　　標題寫 "ONE MILLION"，就是到 2022 年 5 月 15 日的時候，美國因新冠病毒疾病死亡的人數達到 100 萬人，副標題是「國家無法估量的哀痛」(A nation's immeasurable grief)。

　　「疫」是直接和公共衛生相關的問題。但是新冠疫情這樣巨大的影響、危機，在公共衛生的領域要怎麼看待呢？我們認為，「非常多人確診、很多人死亡」並不是公衛危機，而是公衛危機的後果。公衛本身有危機、出問題了，才會發生重大的疫情。那麼現今公衛的危機是什麼？

┃二戰以後最大的危機

在整個國家、社會的各個部門之中，主要負責維護人民健康以及生命的是公衛體系；所以我們要看，公衛體系到底發生什麼問題。一個政府治理的各部門中（圖7-2），有勞動、文化、交通、經濟、教育、國防、外交、環保、農業等，也包括衛福部、衛生局、衛生所、醫療院所，或其他負責預防、

▼圖 7-2　衛生是政府治理部門的其中一環

醫療工作的機構，它們形成公衛體系，而這個體系主要維護人民的健康及生命。

我們說有公衛危機，並不是說疫情肆虐下公衛體系完全沒有做事。實際上，公衛體系採取很多措施，邊境管制、封城、疫苗，疫苗第一劑、第二劑、第三劑施打還不夠，大家都非常期待疫苗，要有第四、五、六劑。其他如宣導保持社交距離、戴口罩、勤洗手等。這些都是公衛措施，但是根據上面列出的統計，這些公衛措施無法阻止人們大量的確診或死亡，無法避免新冠疫情的巨大影響，也就是說公衛體系在這個疫情當中力有未逮。當然，如果沒有這些措施，可能確診或死亡的人數會更多；但是以現在的數字來說，已經是「二戰以後最大的危機」了。

▍以美國為例，看出公衛體系問題的後果

負責維護人民的健康以及生命的公衛體系，發生什麼問題呢？為什麼他們沒辦法保護我們的健康及生命呢？重大疫情是公衛體系出問題的結果，而新冠疫情只是這些結果中的一個。我們來看看有關健康的其他數字——表 7-2 是 2019 年，美國因為各種不同的疾病而死亡的人數：

🌱表 7-2　美國 2019 年各種死因死亡人數

死因	死亡人數
總死因	285.5 萬
心臟疾病	65.9 萬
惡性腫瘤	60.0 萬
事故傷害	17.3 萬

總死亡人數有 285 萬人，其中比較常出現的就是心臟疾病、惡性腫瘤，事故傷害也造成相當多人死亡。

美國不僅僅新冠疫情造成傷亡，還有許多威脅健康的疾病，這些疾病甚至進一步造成死亡。這些死亡人數就會在統計上影響到人民平均壽命。美國從 1900 年開始就有公共衛生常用的、出生時的「平均餘命」的統計數據（圖 7-3）。

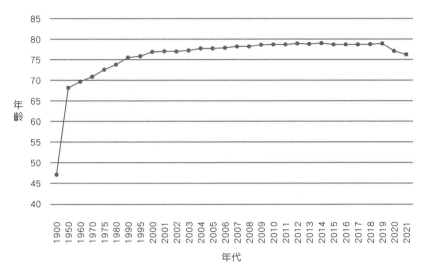

圖 7-3 美國 1900～2021 年平均餘命變化

　　從圖 7-3 可知，從 1900 年開始，美國人民的平均餘命是一直上升的，一方面是因為公衛體系逐漸建立，另外一方面就是社會的生產力增加，人民的營養變好、環境變好，使得美國人民的平均餘命快速增加，從 1900 年一直到 1970、1980 年代，甚至是持續到 2000 年，美國的平均餘命都在增加。差不多到 2000 年以後上升趨緩，幾乎停頓；從 2019 年以來平均餘命反而下降，表示美國人民活得比較短了。這明顯反映出美國的公衛體系出現問題。

　　人的生病、死亡、甚至平均餘命的減少等跡象，這是從疾病的方面來看。但是公共衛生還有很多其他的問題：食品安全、生態環境嚴重汙染、疾病汙名化、健康不平等⋯⋯等，並非只有新冠疫情。我們要維護人類的健康及生命，要有怎麼樣的條件或前提呢？

公衛體系成功維護人民健康與生命的前提

公共衛生是一門以社會集體、有組織的力量，預防疾病、促進健康、延長壽命的科學與藝術。

公共衛生分兩部門：預防和醫療。在臺灣，主要涉及預防的，有衛生福利部、衛生局和衛生所，及其他的衛生機構；但是醫療部門的醫院、診所等醫療機構數量更多。

運作好公共衛生，只有 2 個重要原則：一是要「預防為主、治療為輔」；二是要把公共衛生的問題當成是集體的問題，而不是個人的問題來處理，也就是「公共性」，大家要集體、有組織地做。如果違背這兩大原則，做不好公共衛生，就會產生公共衛生的危機。

不只是臺灣，包括美國在內的很多國家或地區，現行的公衛體系運作，都違背這 2 個基本原則，這個才是真正的公衛危機——再次重複強調，死了那麼多人、感染那麼多人並非公衛危機，那是結果。真正的危機是：一是太輕視預防，只偏重治療；二是忽略公共衛生的公共性、集體性和組織性。

根據經濟合作暨發展組織 (OECD) 的統計資料顯示，美國在 2020 年花了 4.1 兆美元在公衛體系，包括預防與醫療。4.1 兆美元，真是天文數字！(臺灣也很多，2020 年我們也花了 1.3 兆新臺幣在公共衛生體系)

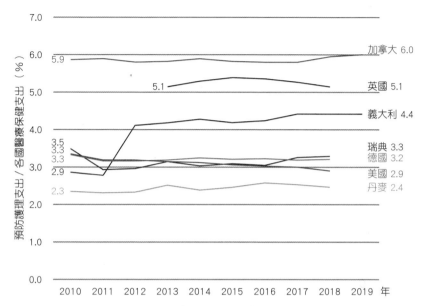

預防護理支出／各國醫療保健支出（％）

7.0
6.0　5.9　　　　　　　　　　　　　　　　加拿大 6.0
5.0　　　　　5.1　　　　　　　　　英國 5.1
4.0　　　　　　　　　　　　　　　　義大利 4.4
3.5
3.3
3.3
2.9　　　　　　　　　　　　瑞典 3.3
　　　　　　　　　　　　　　德國 3.2
　　　　　　　　　　　　　　美國 2.9
2.3　　　　　　　　　　　　丹麥 2.4
2.0
1.0
0.0
2010　2011　2012　2013　2014　2015　2016　2017　2018　2019　年

▼圖 7-4　2010～2019 年各國醫療保健支出中用於預防的比例變化

　　美國花那麼多錢，有多少百分比是用在預防呢？2.9%。4.1 兆美元裡只有 2.9% 是用在預防，其他都是用在醫療；圖 7-4 顯示，各國預防部門支出佔總醫療保健支出 (NHE) 比例，一律都很低，最高的加拿大也只有 6%。此圖只列幾個國家，但全世界大部分的國家都是像這個樣子。

　　世界現存的公衛體系，完全偏重醫療。同屬公衛體系的預防部門，就好像侏儒一樣。圖 7-5 以整個公衛體系的大圈圈來說，預防部門是一個小小的、被邊緣化的小圈，多數國家平均大概 4%，如臺灣就是，只有 4% 左右是用在預防，其他都是用於醫療，這當然跟公衛體系要運作良好的原則是完全背離的。

⚘圖 7-5　公衛體系資源分配

世界公衛體系醫療部門與預防部門資源分配有如巨人與侏儒。

▌公衛體系預防與醫療部門應該各是多少百分比

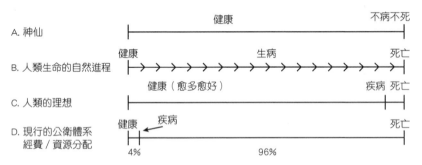

⚘圖 7-6　理想的生命進程與公衛體系資源分配

　　那麼，究竟預防與醫療部門應該各佔公衛體系多少百分比呢？圖 7-6 中，我們用 4 個狀況來說明：神仙、人類生命的自然進程、人類的理想，還有現行的公衛體系。

　　神仙不會生病也不會死，一生都很健康，因此不需要「預防」疾病的發生、也不需要醫療，這是最幻想的狀況。假如我們可以達到神仙境界，當然是最好的生命進程，但是不可能發生。

那人類生命的自然進程是怎麼樣呢？我們大部分開始的時候都挺健康的，但是到某個時候會開始生病，生病到最後就會死亡，這是自然的進程。

人類的理想應該是怎麼樣呢？就是盡量健康，愈久愈好。死亡或是疾病，最好是只在生命最後很短的時間發生，然後就死亡，這是最理想的狀況。因此我們應該盡量把資源，用多一點在維持我們的健康，一直到沒辦法的時候，例如人生之中最後一週或最後幾天生病臥床，然後死亡。若是一直都在生病，想必不是理想的狀況。

由此來看，公共衛生的資源與經費也應該要符合這樣的理想期待進行分配。但我們現行公衛體系的資源與經費分配情況卻是完全相反。公衛體系的經費跟資源，平均只有 4% 是用在維持人民的健康，其他 96% 是等到人民生病了，再提供醫療資源給你，讓生病的你感覺比較舒服一點，但都已經生病了，為時已晚。這就是我們現行公衛體系非常大的問題，事實上，正確的公共衛生資源與經費分配是可以讓大多數人都免於生病的。

重醫療、輕預防的原因

為什麼現在大部分的公衛體系都重醫療、輕預防？因為現行公衛體系是將資本主義的運作邏輯，廣泛地運用到醫療部門。所謂資本主義就是大部分的經濟活動都是由資本依照市場法則運行。

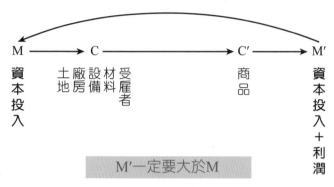

▼圖 7-7　資本社會（實體經濟）商品生產方式

　　這個資本社會商品生產的運作模式（圖 7-7）到了最近幾百年才主導了人類大部分的經濟生活，當然也影響到政治、社會、文化、教育……等。首先是有資本投入，我們用 M（取 money 的第一字母，其實就是資本）代表。資本 M 投入要買各種生產資料 (means of production)，譬如說一間工廠的商品生產，就需要有土地、建廠房、買生產設備、買材料（這些都是商品，取英文的 commodity 第一字母 C 代表），然後要花錢雇勞動者——包括勞心與勞力者（資本主義當中，勞動者也是商品，但它是特殊的商品，勞動者是有思考能力、有勞動能力，可以製造商品 C，能為資本家創造利潤的特殊商品；不像土地、廠房、設備及材料，是沒有生命、沒有思考能力和體能，無法為資本家創造利潤的商品）。

　　勞動者就在廠房用這些設備及材料製造商品（也是 commodity，但用 C′ 代表，C′ 與前面 C 的不同在於它是已經製造出來的、可以賣出去以獲取利潤的商品），譬如說鞋子、電腦或手機，如果一切順

利的話，出資本的人把這個商品 C′ 賣出去變成錢，但不是和原來一樣的錢，而是比原來還多，這就是利潤。利潤有一部分變成出資者的花費，但大部分又會增加到原有資本上，擴大資本額，變成新一階段的資本投入，再重複上述的生產過程，因此錢、廠房設備、材料、工人／勞動者、商品的數量及規模會愈來愈大，並且不斷循環、擴大下去。

看看我們的生活中，幾乎沒有一樣東西不是商品——食物、衣服、房子、家庭用品、手機、電腦等，所有都是商品，什麼東西都是得花錢買來的，這現象只在最近幾百年發生，以前人們日常生活，透過買賣得來的東西所占的比例很少。

商品要全部或大部分賣出去，才能賺錢，才能實現資本最重要的目標——追求最大的利潤，也才能擴大原來的規模繼續這個循環。當然不是每個資本都能實現這個目標，資本和資本之間的競爭是非常激烈的，要爭奪市場、創造市場。如果某個資本沒有能力或沒有意願投入這個需要不斷擴大規模才能勝利的無休止競爭，就會滅亡，被三振出局。

競爭激烈時，擴大規模的速度要更快，怕被競爭淘汰，就無法再等到實現利潤後才擴大資本額了，因此甚至要跟銀行借貸才行。

這個邏輯應用到公衛體系就變成我們現在看到的樣子：公衛體系基本上是要救人救命，不是要生產商品然後買賣的；但是現在公衛體系——主要在醫療部門——也愈來愈變成商品買賣、按資本運作的邏輯去走了。

　　所以醫療產業就變成商品生產跟買賣的關係，跟其他產業，像手機、電腦等等商品的運作邏輯是一樣的。而且還有一個很重要的面向就是，醫療商品很特殊：它是保證有利潤的市場，例如臺灣有全民健康保險 (NHI)，資本一定可以在這邊運作，可以得到利潤，而且利潤很高。

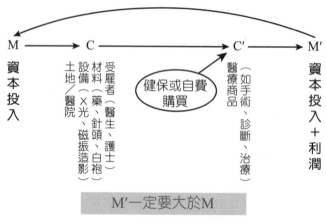

▼圖 7-8　醫療產業商品生產方式

　　資本的運作方式運用到醫療產業，如圖 7-8 進行運作：資本家或財團將他們擁有的大量金錢轉為資本投入到醫療產業，買土地、建醫院，買 X 光、電腦斷層、核磁共振、正子斷層掃描……等設備，買藥材、針頭、白袍、聽診器、醫用口罩、血壓計、消毒劑……等材料，雇用醫生、護士、物理治療師、藥師、清潔工……等勞動力，然後就產出、提供商品——這商品是什麼呢？手術、診斷、治療、藥等等都是商品。在臺灣，這些醫療商品是民眾經由全民健保、

其他附加保險或自費購買的。醫療商品賣出去以後，資本擁有者就會獲得利潤，獲得利潤以後錢就會增加，原來投入的 M 變成 M′。但增加的錢又要再投入醫療或是別的什麼產業去，需要不斷循環，不會停也不能停，一旦停下就會被三振出局。這個過程中有些資本真的完蛋了，有些則變大了，但整體醫療產業的規模就不斷成長、不斷擴張。

公衛體系中醫療部門的經費，占比超過整個公衛體系經費的 90%，醫療資本的目標就是追求利潤、積累擴大資本。競爭激烈，要爭奪市場、創造市場，所以每一個醫院都想辦法吸引更多病人來買他的醫療商品。這是資本運作的方式，也應用到幾乎所有國家公衛體系的醫療部門。

這裡順便就可以提一下我們的全民健保，每一年都說不行了、不夠了、虧損了，正是因為上面的資本主義市場運作邏輯，使得全民健保要支付的費用每年都不斷增加。因此健保署就必須籌措更多的錢；或使盡各種方法控制醫療院所提供的醫療商品量，進而控制總健保費用的上升；或增加民眾的保費以增加總健保費的收入等等，來解決這個全民健保「虧損」的問題。這個原因就是我們上面分析的：醫療院所提供給民眾的醫療商品不斷被生產出來、醫療資本不斷擴張的規律，而全民健保要為每年不斷擴張的、愈來愈多的醫療商品買單。

談到這裡，可能有人會好奇：那為什麼資本運作的邏輯沒有被廣泛運用到公衛體系的預防部門呢？我們在此稍微分析一下醫療部

門與預防部門在商品化和市場化方面的差異。醫療機構提供的醫療服務比較容易轉化為商品，因為絕大多數醫療服務都是個人性的（針對個人需要或需求）、可以標準化的（例如藥丸、門診、手術可以標準化）、可以數量化的（可以標準化，就因此可以數量化，如幾顆藥丸、幾次門診、幾次手術），因此醫療部門提供的服務比較容易商品化，而商品化之後，接著就會市場化。反之，預防部門提供的服務（如環境衛生、傳染病防治、衛生教育）比較不是個人性，而是公共性、集體性的（例如環境衛生的工作是為集體、而不是個人），而且多數不容易標準化（如社區防疫的組織工作因不同社區、不同群體、不同議題而不同，難以標準化）、也不容易數量化（如社區衛生教育多是群體性，因此不易數量化），因此多數預防性服務不能轉換為商品、不能被買賣、不能用貨幣來等價交換。

如此一來，預防部門相對於醫療部門，比較不容易商品化，也就不會市場化。然而，值得注意的是，資本運作的邏輯無孔不入，有些預防性的服務近年也逐漸被商品化及市場化，例如：健康檢查（包括產前、產後、一般健康檢查或兒童保健）服務，再如預防接種服務，這些本來是由預防部門提供的免費服務，都逐漸轉由醫療機構以商品的形式提供。不過總的而言，預防部門的服務多數還是非商品化、非市場化的。

一方面政府對預防部門並沒有增加太多的經費及人力投入，另一方面，預防部門對私人資本並沒有商品生產、進而賺取利潤的誘因，所以私人資本比較不會或不願投入到預防部門。相對於醫療部

門的私人資本不斷擴大及積累,預防部門比較沒有資本不斷擴大及積累的現象。醫療部門以資本的邏輯運作,相對預防部門基本不以資本邏輯運作,這樣長期發展的結果,就會有我們後面會談到的:公衛體系的醫療部門不斷擴大,而預防部門相對侏儒化的情況,這個過程,我們稱為公衛體系的「醫療化」。

▌資本運作的邏輯和人民的健康相矛盾

　　但是公衛體系的基本原則及目標是要救人救命,不是要買賣商品,而是預防跟治療。即便是一般救人救命的工作,也是預防為主、治療為輔。公衛是公共的,大家一起面對,同時也由大家一起解決問題。資本主義的運作邏輯跟人民健康的維護在此對立。

　　以新冠疫情中呼吸器為例,在美國的狀況中,新冠病毒這個疾病要治療,呼吸器是很重要的維生器具,美國衛生福利部很早就有注意到——基於 SARS 的經驗,呼吸器可以維持病人的呼吸,是治療嚴重呼吸道疾病的重要器具,所以美國衛生福利部之前就開放招標,由一間小公司製作一種不複雜、很便宜、很容易操作的呼吸器。但是後來這間小公司被大公司 Covidien 併吞,隨後因為這項產品利潤不足而停止研發。所以美國在新冠疫情非常嚴重的時期,沒有足夠的呼吸器,手足無措,只能緊急跟中國購買。由前例可以看出,生產救命的呼吸器的資本邏輯、資本運作方式,跟公共衛生的原則完全違背。依照資本邏輯,預防一場未來的、還沒有發生的疫病流行或其他公共衛生災難,沒有利潤可言。

　　第二個例子則是醫院病床不足、限制住院日的問題。美國醫院通常為了確保有足夠的利潤，不會讓病人住太久。在美國住院，過了幾天即使還沒有完全好，醫院也會要求病人出院，因為政府只能支付這幾天的住院費。

　　醫院的病床在疫情發生時往往不足，為什麼呢？假如醫院的病床多，又沒有病人的話，對醫院來講是很不利的資本運作方式，等於商品沒賣出去，滯銷了。不少新聞報導：美國的醫院在疫情時期碰到非常大的問題，醫院完全沒有辦法容納那麼多有呼吸道疾病的病人，包括新冠病毒和其他的呼吸道疾病。對醫院而言，如果投資很多，製造很多商品（床位），又要全部完成銷售的話，只能靠疾病大流行。但是在還沒有發生大流行前就多準備病床，對資本而言不划算。

　　美國在 2003 年 SARS 的時候，政府已經看出問題來，準備面對疫病的來臨，要先處理好疫苗和相關的設備及材料，美國政府因此請製藥和醫療器材產業提早準備。但是製藥與醫療器材產業不願意為這個很久以後不一定賣得出去的商品投資，沒有配合的情況下，才導致疫情爆發時疫苗及醫院病床不足的問題。

　　我們應該關心的是公共衛生、人的健康，而不是關心醫療的商品值多少錢、有沒有人要來買、賣得多不多、會不會賺錢。除此之外，還有一個在公衛體系很大的問題，就是醫療商品的特殊性——人們不買不行。

醫療商品的特殊性：要錢或要命

醫療商品的第一個特性是人生病就不得不買醫療商品。比如說人們買鞋子，有了運動鞋、休閒鞋、正式的鞋子等幾雙就夠了，不用再去購買。但是人們生病，不能不去看醫生，所以一定、必須要去買醫療商品。

第二個特性是，人一定會生病、會不舒服，因此醫療商品永遠有銷路。

醫療商品第三個特性是，信息不對等。醫師會告訴你：你應該要做這個手術、你應該吃什麼藥，我們作為病人大多缺乏醫學專業知識，不知道自己真正需要什麼樣的醫療方式。所以情況變成，病人成為醫療消費者，但沒有辦法自己決定要買什麼、買多少醫療商品。例如說我購買鞋子，可以控制要幾雙；但是我生病時不能控制要打幾針、吃多少藥。（或者表面上醫療產業讓你自己選擇，但是又一直告訴你，不依建議購買相關的醫療商品就會很痛、會復發、會很不舒服、恢復比較慢，甚至是，會死。）

醫療商品第四個特性很重要，國家或社會投入大筆經費，譬如說臺灣的全民健保，等於政府保證醫療一定會有市場。

最後，醫療商品的第五個特性是它具有救人救命的神聖性。人不買一個很貴的皮包，頂多心裡很難過，不會攸關性命；甚至不買炸雞，頂多小孩倒在地上打滾哭鬧，也不會影響生命。可是，醫療產品是保健康、保命的民生必需品，不買會病、會死。也就是這樣的特性，讓民眾認為醫療院所有著慈善、神聖的光環。多數民眾不

容易警覺到，其實醫療機構跟其他買賣商品（例如鞋子、衣服、電腦、手機）的公司或商店本質上是一樣的。

現在醫療商品的資本依照追求利潤的資本邏輯，這和救人救命是完全不同的思考方式。所以全世界大部分的公衛體系，變成我們現在看到的樣子。

醫療支出與醫療產業不斷擴張

從各國醫療保健的總支出（包括預防和醫療）占 GDP 的百分比（圖 7-9）可以看出，整個國家、整個社會投入到維護健康以及生命的錢，也就是公衛體系總費用（即全國醫療保健支出）占 GDP 的百分比。例如美國的 GDP，現在已經將近每 5 元裡面就有 1 元（近

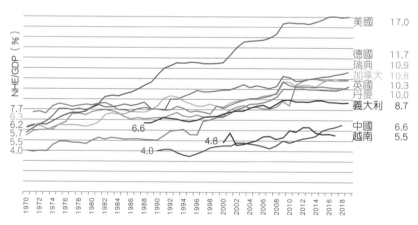

🌱 圖 7-9　1970～2019 年各國總醫療保健支出占 GDP 百分比

20%）是用來維護人民的健康與生命，總共 4.1 兆美元；其他國家例如德國是 11.7%，瑞典是 10.9% 等等。中國比較少一點，但是跟其他大部分國家一樣，一直往上升。

這些國家在 1970 年代，醫療保健支出占 GDP 的比例都比較低，之後一直往上提升，直到現在幾乎已是天文數字。為什麼會如此？就是我們剛剛說的規律、邏輯：資本不斷運轉，而且要不斷累積、不斷擴張。資本投入到公衛體系的醫療部門，目標不是要治療病人，而是從中賺取利潤。

臺灣也是這個情況。臺灣的數據比較容易取得，可以從病床數、醫療人員等數據來看這個趨勢。圖 7–10 的病床數變化，從 1950 年代一直到現在，病床數持續增加，而且增加的大部分都是私立醫療院所，公立機構增加的幅度遠遠不如私立。愈來愈多的私人資本發現，投入醫療部門可以創造可觀的利潤。而臺灣在 1980 年代以後，公立醫療院所的運作邏輯也慢慢向資本追求利潤的模式靠攏。

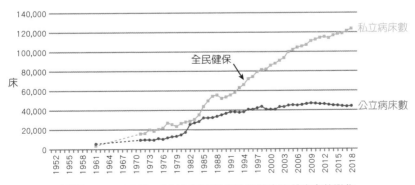

🌱圖 7–10　1950～2018 年臺灣公私立醫療院所病床數變化

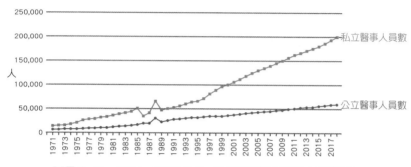

▼圖 7-11　1971～2018 年公、私立醫療院所醫事人員數變化

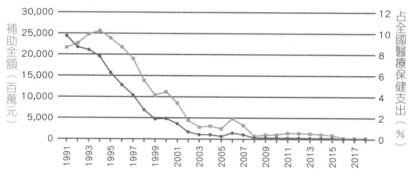

▼圖 7-12　1991～2018 年政府對公立醫院的補助金額占全國醫療保健支出比例

　　再來看圖 7-11 的醫事人員，人數也是一直上升，而且私立醫療院所的人數上升得特別快，就是因為私人資本開始投入醫療產業，在追求利潤的運作規律下不斷擴張。同時政府也開始減少對公立醫療院所的資源投入，讓公立醫療院所自己去和私立機構競爭，所以公立醫療院所也開始依據資本的邏輯來運作。

　　政府只要減少投入（圖 7-12），讓公立醫院「自負盈虧」，公立醫院為了存活就只好開始「設法賺錢」。「賺錢」不是賺到可以負擔營運成本就好，而是為了存活，不得不和其他的資本競爭，所以公

立醫院也開始以資本的邏輯來運作、追求利潤、用利潤擴張，以追求更多的利潤，無止盡的循環。政府甚至到後來，乾脆讓公立醫院轉給私人資本或財團經營，本來是公立的醫院不得不完全以我們上面分析的資本邏輯運作。這個趨勢的後果是：公立醫院有名無實。

▌愈縮愈小的預防部門

在醫療產業不斷擴張的同時，公衛體系的預防部門在比例上相對愈來愈小，醫療部門則愈來愈大，變成我們前面所說的，在整個公衛體系的大圓圈裡，預防只占了一個很小的圓圈。我們再從公共衛生機構的人數來看這個趨勢。負責預防部門的人員，在臺灣最鮮明的就是各鄉鎮市區都有的衛生所工作人員，其他還有衛福部及縣市衛生局及其他衛生機構從事預防工作的人員。圖7–13是公衛人員數和醫療人員數變遷的對比，之前預防和醫療兩個部門的人數都不多，可是最近4、50年來，醫療部門人員的人數快速上升，預防部門，也就是公立衛生機構的行政人員數卻沒有什麼增加（甚至相對於增加的人口來說，等於是減少）；所以這兩個部門的人員比例愈來愈懸殊。這是兩種不同運作邏輯造成的結果。

公衛體系中的預防和醫療，等於是一個人的兩隻腳（圖7–14）。但現在預防相對於醫療的資源比例完全是大小腳之差，好像一個人的左右腳大小差很多，預防是小小的、有點顫抖的、沒有辦法好好走路的腳，公衛體系的經費只有4%用在預防，其他都是用在醫療。所以圖7–14中，醫療部門是又胖又壯、走起路來很有力的腳。

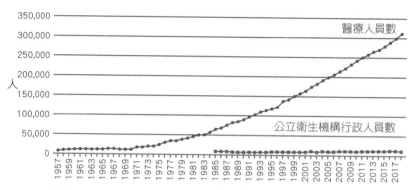

🌱圖 7-13　1957-2018 年臺灣公衛人員數與醫療人員數的變遷

🌱圖 7-14　2018 年臺灣預防與醫療支出占全國醫療保健支出對比

　　這完完全全違背了公衛體系「預防為主、醫療為輔」的原則。應該是盡量讓健康可以維持久一點，最後不得已會生病（最好就只有幾天），才必須要用醫院、必須要用公衛體系的醫療部門。結果現況不然，我們所擁有的公衛體系只有用 4% 的經費來維持人民的健康，其他都是「等生病了再說」。一旦生病了，那再趕緊花錢買資本邏輯提供的、要用來治療的醫療商品。這才是真正的公衛危機。

醫療變成一種商品

　　醫療本身是為了救人救命，資本則是為了利潤，為了利潤必須競爭，並且必須不斷擴大（不管這個擴大是透過原來的利潤、別的產業投進來的資本或是借貸）。救人救命（因此提供許多醫療商品）只不過是醫療資本的獲利手段，獲利和資本擴張才是真正的最後目的。這就讓我們看到像臺灣、美國這樣的情況，醫療保健支出在 GDP 的比例不斷上升；但預防部門則沒有這種情況，因為並非資本運作的規律占主要地位，並且相對醫療部門是無利可圖的。長此以往的惡化下去，就如同前面提到的醫療的大圓圈和預防的小圓圈，大圓圈愈來愈龐大，小圓圈則愈來愈小。

　　醫療目的是要舒解人們的病痛、讓人可以恢復健康，但它作為一種商品，在資本運作的邏輯下，背離公共衛生維護全民健康的目的，可能導致兩個後果。第一，雖然「救命」是獲利與擴張的手段，但只要能獲利與擴張，和「救命」無關也無妨，最明顯的例子就是醫學美容市場的蓬勃發展。醫學美容一般來說，對於生命健康的維持並不是關鍵的，但是因為可以賺取利潤，甚至更好賺，所以臺灣的醫美產業愈來愈發達，市場更大，投入的醫療人員也更多。

　　第二，醫療商品的買賣是個人行為。一旦生病，就去醫院或是診所，購買醫療商品，解決疾病問題。這是個人的問題，由自己解

決，不是大家有共同的疾病，共同來思考怎麼處理。生病了我們通常不會呼朋引伴「相招來去病院給醫生看」。這個個人醫療行為是每個民眾不得不「自掃門前雪」的自救方式。不同於我們前面說的公共衛生必須具備的公共性原則：疫情是大家一起來面對，必須要靠集體的力量，有組織地分工，做好預防性的民眾教育及防疫工作，例如宣導、教育民眾怎麼樣洗手、戴口罩等等。

以民眾可以投入的防疫工作為例，除了可以做例如勤洗手、戴口罩、保持社交距離的個人防護行為以外，更重要的是，他們可以發揮集體的作用，在社區防疫工作中，進行疾病風險溝通、謠言制止、資源協調、情緒安撫、組織動員、科學防疫、危機處理及意見反饋等方面的工作。又例如 1950～1980 年代臺灣的公衛體系許多預防工作都是集體完成的，當時許多險惡的急性、慢性傳染病橫行臺灣，霍亂、痢疾、瘧疾、日本腦炎、肺結核、小兒麻痺等傳染病肆虐臺灣人民，嚴重打擊臺灣的社會經濟。當時，公共衛生的主要政策是以「基層公共衛生預防建設優於醫療建設」為最高指導方針，政府在每個鄉鎮均建立衛生所，歸縣市衛生局主管，並賦與大量資源及人力。種種傳染病防治計畫均透過衛生所的公共衛生醫師、公共衛生護士及保健員，挨家挨戶接觸、拜訪，展開衛生教育、預防、監測、通報、調查等等大量的公共衛生工作。

在這些有系統的公共衛生預防工作中，基層衛生所工作人員與社區民眾為了維護民眾整體健康的共同目標打成一片，民眾就在防疫工作中起了主動、有組織、集體的，而且關鍵的作用。臺灣社區

民眾並不都是被動、一盤散沙的許多個體的集合，他們反而是擁有充沛能量及豐富智慧、可以發揮重要作用的主體及集體。

總結──公衛的危機與轉機

要照顧好民眾的健康，公共衛生就要做好兩大原則：重視預防，以公共、集體、有組織的方式來做。

然而，現在大部分國家或地區的公衛體系和這兩大原則相反，以醫療為主，把健康變成個人的問題──事實上是個人醫療商品買賣的行為。這是資本運作的邏輯在公衛領域占主導地位的結果。

只投入 4% 的資源在預防，等生病了，再來治療；同時醫療資源的配置不是以救命為導向，而是以利潤為導向。這個後果就是像美國，投入了 4.1 兆美元來維持人民的健康，簡直是天文數字，但還是阻止不了一百多萬人死於新冠疫情。不只是新冠病毒疾病，還有其他各類疾病，讓美國人的平均餘命下降，活得更短了。

新冠疫情不是公衛的危機，而是公衛危機的後果。我們應該怎麼辦呢？

1. 公衛的知識要普及，我們要填補「專家」和「民眾」之間的鴻溝，專家要設法讓民眾都瞭解公衛，民眾也不要覺得公衛只是專家的責任。重新把集體的、重視預防的工作做起來。
2. 要組織民眾，和民眾溝通，在公衛以及其他領域瞭解、批判

資本運作的邏輯。政府辦圖書館、戶政事務所、消防隊、環保局、中小學幼兒園、紅綠燈，並不會想要「賺取利潤」，而是透過稅收等收入「賠錢營運」。圖書館是人民的精神食糧，都要政府賠錢來做，何況主要負責全民身體健康的公共衛生。

3. 要發起民眾運動，改變現況。像美國或臺灣這種情況，民眾應該要有所反應——花了這麼多錢，結果仍然這麼多人確診、死亡，甚至還有一些像「長新冠」後遺症是確診民眾必須長期忍受的痛苦，根本沒有在政府統計的數據裡面。我們應該要求改變現在的公衛資源配置方式，改變在公衛及其他領域，資本邏輯占主導地位的情況。

chapter **8**

AI 機器人的發展

講者│陽明交通大學電機系教授　楊谷洋

前　言

　　ChatGPT 狂潮席捲全球，藉由商業版本的推出，更是堂堂跨入各個領域，相信大家都能感受到它的威力，尤其憑藉著能以語言文字這種接近人類思維模式的表現方式和我們對話，隱約展現出逼近人類的智慧，讓人驚艷之餘，在此同時，是不是也帶來了某種的壓迫與不安全感呢？ChatGPT 反映出人工智慧撼動人類社會的可能性，AI 機器人時代的來臨已無可避免，究竟我們要如何面對它們對永續所引發的挑戰呢？

　　AI 機器人看似強大，但以歷史的軌跡來看，它們仍屬於技術演進的一環，也因此本文在追求永續的目標之下，將從 AI 機器人在工業發展的角色談起，著重在聯合國於 2015 年所通過 2030 永續發展議程之 17 項全球邁向永續發展核心目標中的第 9 項：「創建具有強韌復原能力的基礎架構，促進具包容與持續性的工業化與加速創新」（Build resilient infrastructure, promote inclusive and sustainable industrialization and faster innovation），如同這項目標所標榜，我們試圖藉由對 AI 機器人種種面向的剖析，看看是否能建立起強韌的工業體系，足以應對它們、甚至是未來更新的科技所帶來的衝擊，以期達到產業的成長與永續發展。

　　回顧工業發展的過程，科技持續地創新，進而帶動相關的產業，但也由於技術的更迭導致公司的存亡，就像是眼前不可一世的 ChatGPT，有朝一日也將成為尋常科技，因此工業永續的意義不會落在個人或是單一公司的存續與否，而是一種精神、一個態度，進而是一種生活方式，整個社會與環境的存續才是值得關切的重點。

　　如前所述，永續的意義乃在於人類整體與社會和環境長久共存的精神與態度，但科技創新在推動相關產業發展之餘，無可避免地也會對這個世界帶來不同形式與程度的影響、甚至是破壞，眼下 AI 與機器人來勢洶洶，AlphaGo 於 2016、2017 年接連擊敗南韓的圍棋棋王李世乭以及中國的柯潔，更是一場震撼教育，微軟創辦人比爾·蓋茲也曾預測，不久的將來，每個人家中都會擁有機器人，就像今天個人電腦一樣普遍，可以預見它們所帶來的衝擊絕對不容小覷！

　　為了回應這迎面而來的挑戰，進而找到發展與永續的平衡之道，本文會由工業 1.0 到 4.0 的演進談起，AI 與機器人終究是科技的產物，我們先來看看它們在工業發展歷史中的定位，由於 AI 與機器人對於社會的影響層面相當複雜，我們採取了具有「科技與社會」複合視角的分析方法，它的內涵隨後說明，接下來將以「AI 強勢出擊」與「機器人重裝上陣」兩個單元來對它們進行深度探討，經由上述的層層剖析，接續提出幾項因應之道，期許在 AI 機器人時代來臨之際，我們都能擁有更為寬廣的視野與心境，一同迎向未來。

從工業 1.0 到 4.0

自從遠古的人類決定站立、空出雙手的那一刻，就此展開人與工具互動的歷史，從一開始的石頭、弓箭等，一直到今天形形色色的科技產品，持續扮演著輔助人類的角色，AI 與機器人也在二十世紀接續加入其中，現今儼然已成為我們最得力的助手，但就像每個硬幣都有兩面，在享受這超級助手無微不至的協助之餘，會不會令人反而擔憂由於它過於強大，導致全面取代我們的工作呢？而究竟 AI 與機器人的發展會讓人類的社會走向永續，還是毀滅呢？觀古鑑今，就讓我們從工業 1.0 到 4.0 的演進過程中，來看看它們的源起、定位，以及未來可能的走向。

工業 1.0

瓦特成功地推出蒸汽機帶動了十八世紀的工業革命，正式宣告工業紀元的開始，蒸汽機帶來遠遠超過人工的動力，也讓人類由農業走入工業社會，它改變的不僅僅是我們的社會結構，一併帶來了新的城鄉風貌。

工業 2.0

電力開啟了十九世紀的第二次工業革命，它讓工作時間不再受到限制，順勢讓大規模的生產成為可能，資本主義因而更加盛行，

連帶也讓國與國之間的關係受到衝擊，讓我們再次見識到科技對社會巨大的影響力。

工業 3.0

始於 1970 年代的第三次工業革命到今天仍然持續進行中，掛頭牌的電腦相信大家都很熟悉，它讓人工智慧有了發揮的平臺，並且成功推動生產自動化成為時代的趨勢，這同時也提供了機器人一展長才的園地，AI 與機器人兩大要角自此登場，好戲正上演，就讓我們繼續看下去。

❦圖 8-1　典型的工業機器人

工業 4.0

物聯網和大數據是這階段的關鍵字，相較於現有網路所連結的對象大多是電腦或是攝影機等，物聯網的企圖心是要將觸角擴展到「物」，例如像是機器人這種更為複雜的機電系統，在藉由大數據引進群體智慧的加持下，AI 的能力也大幅升級，試想一下，如果能成功串連一群具有智慧的機器人，那能產生多驚人的力量呢？這樣的願景仍有待實現，眼下還有包括網路、虛實整合等許多的技術需要突破，在此同時，也不能忽略它對我們的社會可能帶來的巨大改變。

科技與社會

　　從上述工業革命的演進，我們可以清楚看到科技改變時代的力量，它成功帶動產業發展與經濟成長，順勢打下舉足輕重的地位，而除了產業界的主戰場外，科技也幾乎全面進駐到我們生活中的各種場域。尤其在 AI 機器人加入戰局之後，科技對人類社會的主宰力更是強大到不容忽視的地步，是到了該有所回應的時刻，而以 AI 機器人的技術層次以及與人類的高互動性，無疑是探究高科技與永續的絕佳範本。

　　我們先來看看科技與社會之間的複雜關係所為何來，這樣的現象在新科技初登場時尤其明顯，就以運動為例，以往在各項賽事中，一定是裁判說的算，即使他的判斷有誤。但有了電腦輔助判決系統之後，偶而就會出現裁判被打臉的狼狽畫面，因為大家更信任科技的判斷。提高比賽公正性的同時，它會不會也帶來負面的影響呢？首先很明顯的就是賽事的延誤，而較為隱微、值得深思的是，它在無形之中卻也改變了裁判以及選手的心態，為什麼呢？進一步看看網球、羽球常用的鷹眼輔助判決系統的案例，法國的網球名將松加 (Jo-Wilfried Tsonga) 就曾抱怨過鷹眼讓主審變得懶惰，背後的原因就出在於害怕因誤判被鷹眼糾正很丟臉，反而造成選手必須分心判斷球是否出界，這是否也算是某種的不公平呢？

　　由上述例子來看，來自科技的影響的確是多面向，而且還會發生在意想不到的地方，也因此，如果我們僅以單一視角進行觀察，很可能會失之偏頗，這也促使學界必須提出新的觀看科技的方式，就在近幾十年，包括科技、產業、經濟、管理以及人文社會學在內的學者都相繼投入科技與社會 (science, technology and society, STS) 這個研究領域，希望藉由多元的視角、不同的層面來審視它們之間的互動，進而能更貼切地評估科技對於環境、社會以及個人所帶來的衝擊。

　　根據維基百科的說法，「科技與社會是一跨領域學門，研究的是科學與技術的創新與發展如何與社會、政治和文化領域之間產生相互影響」，基於此，STS 的學者不再認為科學是客觀、中立於社會之外，而是意識到彼此的關係密不可分，而且是有來有往。也因此，在評估的過程中必須結合不同領域的知識，廣納各個參與者的觀點，如果能有這樣的認知，我們就不會侷限於工具理性的單面向思考，而能夠以多元視角與相互關照的態度來面對種種的科技議題，甚至像是核能發電、食安危機等科技爭議。接下來，本文會以此「科技與社會」的取徑對 AI 與機器人進行討論，包括它們的技術特色以及對社會與人類的影響。

AI 強勢出擊

簡單來說，人工智慧 (artificial intelligence, AI) 就是機器所呈現出的智慧，通常是透過電腦展現，它能夠根據預設的目標收集相關的資訊，再將其轉換成有用的知識，據以作出合宜的判斷。既然被稱為智慧就代表它具有學習能力，但相對於人類較為自由，甚至是天馬行空、跳躍性的思考方式，機器學習可是一板一眼、按部就班，並無法應付開放式的問題。如此說來，在面對生活中種種的複雜狀況，人類應該可以輕易完勝 AI 吧？

二十世紀中期電腦的誕生帶動了 AI 的研究，所效法的對象當然是人類的智慧，但它的學習之路並不順遂，一度還走進了死胡同，想想即使到了現在，人類對於大腦的理解也不過是冰山一角，生物的奧祕又如何能以電腦程式的手段加以實踐呢？在瞭解了這一點之後，AI 開始走自己的路，不再一昧模仿生物的智慧，經過多年的默默耕耘、潛心苦修，終於在二十一世紀的今天大放異彩，就在前面提到 AlphaGo 擊敗人類棋王這轉捩點之後，人類再也不能忽視它的存在。

圍棋被視為人類棋藝的最後堡壘，它的棋型千變萬化，複雜到讓人如陷五里霧中，也許要像是《棋靈王》中平安時代的天才棋士佐為才有可能駕馭，學界一般評估 AI 應該還需要數十年才有可能

與人類一較長短，沒想到這麼快就給我們來場震撼教育！而 AlphaGo 所達成的不僅僅是棋局上的勝利，似乎也意味著傑出的人類心靈終究不敵人工智慧的理性運算，大有山雨欲來之勢，接下來，人工智慧的版圖會從棋藝擴展到哪些領域呢？它又到底憑藉著什麼樣的本事呢？

🌱圖 8–2　**AlphaGo** 打敗棋王李世乭，象徵 **AI** 時代的來臨
代表 AlphaGo 下棋的是來自臺灣的黃士傑博士。

　　說起來 AI 的招式並不多，主要就是搜尋與推演兩樣，但憑這兩招就可以行遍江湖，可不能等閒視之。「搜尋」是指它可以根據所選定的對象，在一定的範圍內搜尋出答案，在搜尋的功能上，電腦可是比人類厲害多，像是 Google Search、Google Maps 等都相當實用，但也就僅止於搜尋本身，至於資料的運用與分析等，還是得仰賴人的判斷；而「推演」則是利用程式設定一些規則來推論出答案，

比方說，我們可以根據各種疾病以及它所對應的症狀建立規則，之後你只要輸入目前身體狀況，專家系統就會告訴你，到底生了什麼病？但你的症狀必須落在規則所描述的範圍內。

仔細想想，我們在處理生活上比較具邏輯性的事務時，是不是多半是採取搜尋與推衍兩種方式呢？而以現今電腦的運算速度與記憶能力來看，這已經不是人類可以匹敵，不僅是棋藝、牌技，就算是涉及機率的麻將，我們幾乎是全面潰敗，可以想見，只要是搜尋與推衍能力所及，就會是 AI 攻城掠地之處，難道人類與工具的歷史會就此改寫嗎？且慢！人類社會還有像是藝術、文學等較為抽象的領域，應該是人工智慧無法跨越的天險吧？AI 真有可能挑戰像是莫札特、梵谷這樣的藝術奇才嗎？可別先下結論，接下來我們就來看看 AI 與藝術的故事。

就在 2022 年，遊戲設計師傑森·艾倫 (Jason M. Allen) 在美國科羅拉多博覽會的藝術大賽中，運用 AI 圖像生成軟體 "Midjourney" 完成的作品竟然在「數位藝術」類奪下首獎，這讓藝術界群情譁然，原來純然理性的 AI 在標榜感性的世界是有立足之地，絕對有實力在藝術創作中扮演關鍵性的角色。進一步剖析這個案例，我們可以將 "Midjourney" 類比成一位貼心、稱職的助理，傑森·艾倫只要給出大致的概念，並無須定出清楚的規劃與步驟，它就能提出各種可能的設計，甚至是他事先並沒有設想到的情境，這過程可重複進行直到創作者滿意為止，不知道大家是否能接受這種合作模式所產生的藝術創作？又該如何看待 Midjourney 的貢獻呢？

現階段 AI 在藝術領域還是處於助手的地位，真正的創作者終究是隱居背後的人類，只是它介入程度之深，似乎已有喧賓奪主之嫌。藝術作品的評判本來就相當主觀，如何評價 AI 輔助的合理性也非易事，我們也不必太過糾結於誰是誰非，反而藉由 AI 與藝術創作之間的糾葛，好好審視一下藝術競賽的意義，並且更深入思考藝術的真諦。展望未來，AI 除了持續它超級工具人的身分之外，說不定也能隨著技術的演進無心插柳地「創作」出令人感動的作品，無論如何，AI 的現身已經讓藝術的風貌不再一樣。

機器人重裝上陣

由於 AI 與機器人這兩個名詞常常會被誤用，在介紹機器人之前，我們先來看一下它們的基本差別。簡單的說，前者是以軟體實現的智慧系統，後者則必須有實體機構，那為什麼 AlphaGo 會被叫做圍棋機器人呢？原因無他，純粹只是聽起來比較炫罷了！回到機器人的討論，根據維基百科的說法，「機器人是藉由電腦程式或電子電路所運作之自主或半自主式機電系統，常由於具有近似生物的外觀或足以展現自主性的行為讓人感覺它具有智慧或自己的想法」，意思就是說，機器人即使擁有一些類人（類生物）的外觀或行為，那也只是表象，它不像人類具有自我意識，也不會有「自己的想法」，即使名字有「人」這個字，它單純就是部擁有人工智慧的機器。

相對於其他類型的機器，機器人應具備以下兩個基本特質，一是可移動性 (mobility)，另一是自主性 (autonomy)，前者指的是它必須會動，而且要動的夠靈活，後者意味著它能因應環境的不確定性與變化，運用 AI 產生合宜的應對。為了達到較佳的可移動性，系統必須有高自由度的機構與高效率的動力，在自主性的建立上，則須仰賴各種類型的感測器，例如視覺、力覺等，來感知外在環境的變化，再運用電腦中的 AI 策略針對感測到的資訊加以分析與判斷，最後交給馬達等制動器來驅動機構完成任務。機器人的這兩項特質意味著智慧與動力的結合，順理成章成為我們目前所擁有的工具中能力最全面的一位，它可以想像成一部具有感測與行動能力的電腦，絕對有機會成為真實生活中的好幫手。

回顧歷史，從 1960 年代全世界第一部工業機器人問世以來，隨著電機、資訊、機械、材料、生醫等領域的高度發展，機器人快速的成長，由工業機器人、服務型機器人到娛樂、教育型機器人等，各種不同用途、形式、與功能的產品一一推出，它的活動場域，也由井然有序的工廠，逐步走入我們的社會與家庭，更隨著網路的延伸，進而得以遙控機器人，將觸角延伸到深海、外太空、災難現場等不適合人類活動的場所。

機器人的登場代表著人與工具的關係進入一個全新的階段，也開啟了許多的可能性，而以它的特性，應該是對勞力型態的工作較能發揮所長，例如生產製造、清潔、巡邏、安全監控、行動輔助等，事實上機器人在這些方面上的表現確實相當好，但它並不自我設限，

就像上述 AI 的軌跡一樣，機器人也想越界到藝術，甚至是可以聊天談心的夥伴，事實上它已經現身在戲劇、現代舞、繪畫的展演上，而能表達情緒、具有療癒功能的機器人也一一上市，但機器人明擺著就是沒有意識與感情，又如何和我們人類心靈互動、情感交流呢？

　　這其中的一個重要的關鍵就在於人類的移情作用，不可諱言，每個人最關切的就是自己，在與機器人互動時更是如此，也因此機器人懂不懂感情並不是重點，只要能從人類身上誘發出情感，它就成功了。我們就以被稱為世界第一的療癒系機器人 PARO 為例，它是由日本產業技術綜合研究所柴田崇德博士於 2001 年所開發，海豹造型、全身毛茸茸的 PARO 善用了機器人具有形體的優勢，再加上感測與控制器的設計，製造出細緻的觸感、慵懶的眼神，以及惹人愛憐的叫聲，讓人不愛也難！而他們團隊也持續不斷地根據使用者的回饋，調整到更接近使用者的需求，由於這份貼心，讓原本該是冷冰冰、不具情感的機器寵物，卻也能溫暖人心。也由於他們的努力，PARO 已經獲得醫學認證，對於躁鬱、失智等症狀具有醫療效果，是個貨真價實的療癒機器人呢！

　　現代的社會人與人之間的關係日漸疏離，加上高齡化的趨勢也帶來不小的壓力，以機器人作為寵物、照護者似乎提供了另一種可能性，但這畢竟是一種單向的情感寄託，也可能帶來意想不到的後果，像日本就曾傳出有療養院的長者因為過於迷戀 PARO 而受到他人排斥。但伴隨著機器人科技的進步，以及時代所帶來的孤獨感與不安，人們對於機器人的想像與期待也漸趨多元，真實生活中就有

▼圖 8-3　號稱世界第一的療癒系機器人 PARO

個突破眾人想像的案例，來自法國的 Lily 在 2016 年宣稱她已經和透過 3D 列印方式製作出來的機器人伴侶 InMoovator 訂婚，雖說這樣的「人機戀」依然挑戰我們的神經，但可別以為電子電路無法承載情意的流動，來自機器人的陪伴，可能比你我想像的更溫暖！

挑戰與回應

透過上面的討論，我們得以掌握 AI 與機器人在技術上的強項與弱點所在，所謂知己知彼，這可作為評估它們究竟會對永續帶來

何種挑戰的基礎，經由媒體持續不斷地提醒，來自 AI 與機器人的威脅似乎是迫在眉睫，但事實真的是如此嗎？回顧工業發展的歷史，由於新科技的誕生從而引發社會衝擊並非新鮮事，就以大家關心的工作權議題來看，回顧第二次工業革命帶動產業自動化的過程中，就曾發生過員工因為害怕失業從而破壞機具的事件，業界的應對之道則是培訓原來的從業員成為機具的操控者，將其納入自動化生產體系當中，儘管在轉型與調整期間勞資雙方仍然有所折衝，但這個勞動力升級的模式一路以來大致得以維持，以此觀點來看，AI 與機器人作為工業 1.0 到 4.0 演進的產物，我們又有什麼特別需要擔憂的地方呢？

其中的關鍵點就在於它們在智慧與行動能力上展現了接近、甚至超越人類的潛力，眼下愈來愈多的 AI 與機器人進入到各行各業，從事一些以往被認為無法勝任的工作，也因此它們所造成的後果也許不再單純只是工作的重新分配、人員的再訓練，會不會有可能導致人類的大量失業，甚至如某些人悲觀的預測，慘烈的程度直追極端氣候給予恐龍的致命一擊！

判斷的準則還是要回到對 AI 與機器人關鍵技術的瞭解，再次強調，它們並不具有自我意識，不可能「主動」欺負人類，但這並不代表它們不會「被動」取代我們的工作，那到底誰會先失業呢？應該還是屬於勞力密集、內容較為固定的工作吧，但前面也提過，像是藝術、療癒，甚至是感情等領域，它們也不會缺席，而且還產生不小的迴響！當然在工作的選擇上，我們還是要考慮到它們的強

項，像是在行動能力上的精準與力道，以及邏輯推演與搜尋運算上的優異性，如果是對方專精的領域，人遲早會被取代。

　　另一方面，儘管 AI 與機器人呈現出一片山雨欲來之勢，我們可不要妄自菲薄，現階段人類無論是在心靈層次的創意與想像，還是在動作方面的細膩度與手感上還是遠遠領先，有些時候，它們之所以能取代人類的原因並不在於本事的大小，很可能是由於我們不夠敬業。比方說，如果同學作文時不夠用心，ChatGPT 隨意就可以寫出一篇更好的文章。因此，在面對 AI 與機器人對人類工作權的挑戰時，另一種思維是將它看成是一面能反映工作態度的鏡子，在此同時，它們也能刺激我們進一步思考，到底什麼是人類所獨有、永遠不會被取代的部分。

　　除了失業問題的考量外，另一個讓人也十分關切的議題是 AI 與機器人的介入會如何改變人與人、人與環境之間的連結，甚至改變現有的社會結構、國與國的關係，科技所造成的影響的確相當全面，就像手機就以其行動通訊能力改變了人與人、人與周遭事物的互動方式，而被稱為護國神山的台積電也憑藉著晶圓代工的實力左右了世界大國的博弈。

　　也因此，為了享受新科技所帶來的服務，其實我們在有形、無形中已經付出許多。比方說，想要擁有飛行的便利，就需要有機場，也必然會對環境造成傷害；為了讓手機通訊暢通，免不了廣設基地臺，也就得忍受一定程度的電磁波。之所以願意付出這些代價，當然是認為這項新科技所帶來的好處「值得」我們承擔後果，回到機

器人來看，大家可以接受的付出會有多少呢？如果想要享受機器人管家的服務，以現階段人型機器人有限的行動能力來看，家中的階梯勢必要減少，甚至得進行空間大幅改裝，你會願意嗎？

　　在無形的心理壓力部分，像現在各公司的客服常常是語音系統，就這樣從傳統的真人對話轉換成一連串的按鍵動作與制式宣讀，過程中一個不小心按錯鍵，還得全部重來，著實令人神傷，就算引進了 AI 式的聊天機器人，也不可能擁有真人般的親切與貼心，大家想一下和 Apple 的 Siri 談話的感覺吧！事實上這些智慧系統的功能已經足以達到設定的服務目的，只是我們必須遷就它們的運作方式，久而久之，會不會讓我們變得愈來愈像個機器人呢？

　　科技與永續的關係就是如此的糾結，眼下 AI 與機器人大舉越界、步步進逼，挑戰已無可避免，但就像《海賊王》中魯夫所說，人有時候是決不能逃避戰鬥的，在開戰前夕，讓我們培養出綜觀技術與社會多重面向的眼界，足以洞悉 AI 與機器人背後的關鍵，建立起永續的態度。人類追求進步的腳步未曾停歇，而我們也只有這個地球，AI 與機器人的發展會讓人類社會走向永續、還是毀滅呢？這一切端看我們是否有這個決心，堅定邁向發展與永續的平衡點。

⋎圖 8–4　我們只有一個地球

chapter **9**

淨零碳排的挑戰

講者｜臺灣大學風險社會與政策研究中心主任　周桂田

破壞性新常態與國家韌性

雖然全球近 20 年來面對極端的氣候、疫病大流行、空汙、輻射、食品汙染等問題，陸續顯現全球風險共同體、認同與團結，但現實上應當凝聚的世界主義治理卻不斷的被地緣政治、國族主義與大國霸權所宰制，隱沒了其功能。例如在氣候災難上，觸動了全球社會與世代怒吼，然而各國仍盤算其氣候利益；在 SARS 及新冠肺炎上，臺灣嚐盡中國國族主義干預，而全球也陷入疫苗國族主義優先漩渦。

而氣候災害與新冠肺炎之猛烈，跨越全球疆界、經濟、倫理、社會衝擊，不再是偶然性，兩者在短期、長期的發生頻率越復增強。新冠肺炎破壞與癱瘓各國的政經體制與社會秩序，為氣候災害預先展演了全球的災難場域。過去，氣候變遷之警示言者諄諄聽者藐藐，許多人不當一回事；然而，氣候災難一旦爆發，其規模與衝擊、回復韌性與時程更遠遠難以估計。國際上目前普遍認為兩者為「新常態」，筆者認為當視為其對人類社會未來鉅變挑戰的 「破壞性新常態」，尤其，當氣候、疫病、老化 3 個元素同時關連、共時發生，其慘烈狀態會比此次新冠肺炎與老化因素交錯更甚。

世人真的很難想像，在二十一世紀數位時代仍然爆發大國侵略，而俄烏戰爭雖部分可歸咎於北約東擴挑釁，但戰爭爆發以來美國、

歐盟與北約以戰略自制避免世界大戰。烏克蘭舉國強力抵抗的韌性，卻揪住全球人們之心而前往援助、戰鬥支援與難民救助。顯然，人類與生俱來的共善、天下為公之靈魂仍不完全受到地緣政治霸權或國族主義所蒙蔽。即使在專制中國，仍有數十位大學教授聯名反對俄羅斯出兵。

🍸圖 9-1　烏克蘭托斯提也納受戰火摧毀的民宅

　　透視人類當代的處境，除了面對獨裁國家威脅、價值之爭，以及錯綜複雜的國際利益交換，另一方面氣候災難、新冠肺炎、老化等導致各國內部之產業、社會脆弱性，這些要素直指整體國家韌性與轉型的挑戰。前者建立在國防之強化，毫無懸念，但整體國家安全仍須後備的社會與人民意志支撐；而後者則建立在國家轉型中四項重要主軸：民主韌性、環境韌性、社會韌性與經濟韌性。

　　就民主韌性而言，新的世紀之獨裁與民主之價值鬥爭除了觸發國際和區域的軍事對峙、經濟制裁與科技競爭，也挑戰了全球安全秩序。近年來猛烈的氣候災難與疫病大流行，好不容易促成全球在淨零碳排與公衛體制的批判與合作，但新冷戰下的獨裁與民主對峙將破壞全球與各國期程，全球合作都會打了折。而全球的民主韌性若脆弱不堪，將波及各國在各項公共議題的社會民主與前瞻作為，落回威權、保守決策，拖累社會創新、共享、公平與永續，進一步可能投射到國族或意識形態認同之內部鬥爭，危及民主韌性。

　　就環境韌性而言，全球淨零碳排趨勢，已經促動急速減碳、產業轉型，甚至數位化速度的內外壓力。碳排議題導致產業、能源、運輸、建築等都需快速轉型，將產生社會創新機遇，也可能導致環境退化。而臺灣在這個當下，正逢來臺投資資金大量回流，更多的用電、用水、廢棄物將導致環境承載量逼近臨界點，而電力、水的耗用涉及社會公平，廢棄物與空汙涉及環境正義。未見政府清晰處理與對外說明，將毀損環境韌性的社會支持。

　　環境正義牽動到社會韌性與經濟韌性，前者不處理好將可能延伸到農地安全、食安與健康，而失去社會支持將更難處理淨零碳排所產生的公正轉型。亦即，能源、產業、運輸轉型過程中之犧牲者與社會經濟脆弱困境，將削弱社會團結。同時，對習於以褐色經濟運作的臺灣，光新冠肺炎就停留在紓困手段，缺乏綠色振興與改革的前瞻架構。對全球淨零下猛烈的碳關稅、供應鏈碳盤查、氣候相關財務揭露、綠電等要求，都顯示政府、企業與社會長久以來的遲

滯作為，已經產生損害結果。一旦社會與經濟韌性產生毀損，稍一事故，將容易產生悲憤氛圍 (social catharsis) 或相對剝奪感，進而發展為社會抗爭。

　　臺灣位於地緣政治、獨裁與民主價值鬥爭前沿，以脆弱的世界主義治理，國家安全需要民主、環境、社會與經濟韌性在劇烈轉型中，相互支持、信任、繁榮，有強健的轉型韌性與團結，方能反饋對國際的貢獻，成為全球堅韌之韌性之島。

短鏈革命與社會經濟轉型

　　中美貿易大戰加上智慧機械日益成熟，帶動了短鏈革命，並逐步改變全球的製造分工體系，以致於 2018 年起臺灣的產業經濟模式在內部與外部上受到相當的挑戰。而近期加劇的全球貿易形勢，進一步驅動臺商的回流，以及重新轉移生產基地。根據經濟部最新的統計，到 2023 年臺商資金回流已經超過 1 兆新臺幣，這樣的趨勢，驅動了臺灣的轉型契機。

　　從樂觀面來看，臺灣可以站在這個趨勢上，並循著滾動的軌跡架構 2025～2030 年的發展圖像；但另一方面，這樣的趨勢卻對長期以來遲滯轉型、依循褐色經濟典範的臺灣產生莫大的危機。若我們沒有全面的盤點和分析臺灣結構性的產業、研發、能源、氣候、老化、勞工、人才、族群、性別、青貧，甚至社會公平以及由新興科

技衍生的倫理等，提出未來 10～30 年的轉型路徑並進行前瞻改革與滾動性修正、預測，即使全球科技產業趨勢而帶來短暫的利益，其將進一步擴大原先臺灣褐色經濟社會生產模式的闕漏，導致更為脆弱的系統性風險並產生失衡的未來。

　　而部分產業界面對這樣的發展，大部分集中在關注所謂「五缺」（缺水、缺電、缺地、缺工、缺人才）的論述上。表面上這樣的思維可以「很實務」地尋求解決的路徑，例如盤點工業用地、盤點電力或工業用水是否充足等，來獲取回流臺商的投資信心。殊不知，五缺的論述正好是既存褐色經濟或褐色能源典範架構下的產物，無法因應臺灣內、外的劇烈翻轉挑戰。最典型的質疑：回流臺商是否仍然依循過去，以高耗能、高耗水、高汙染的製造業回籠？或者，臺商以低薪、依賴低電價或高二氧化碳排放來延展其生產路徑？

　　基本上，上述的「老、舊」問題，目前看來政府已經有一套審查的論述，但仍然無法對外充分說明。事實上，臺灣內部（社會、產業、環境要求）與外部（國際減碳壓力、產業競爭）的條件，都已經不容許複製過去的模式，不需要等待政府說明。簡單舉例，臺灣的人均排碳近年來約 11 噸，在全球 1,000 萬人口以上的國家排名第八，這是外部極大的減碳壓力。強烈空汙議題、核廢料無解，纏繞核能復甦的想像。同時，根據國際能源總署於 2022 年發布的報告指出，臺灣在全球的工業電價排名為第 6 低，住宅電價則是全球第 4 低，這是內部矛盾。

　　就目前全球科技、經濟與社會的驅動而言，第四次工業革命導

入了新興科技發展，包括行動網路、人工智慧、物聯網、雲端科技、先進機器人、自動駕駛汽車、新世代基因、能源儲存、3D 列印、先進材料等，在長期的跟隨與營運下，臺灣或許具有一定的累積與優勢。然而，這樣的累積，正如大前研一於 2013 年指出的，需要揚棄貿易加工立國、以巨量國家（靠巨量生產與低成本決勝負）模式為典範，而應該朝向小型、重視高品質人口與勞動力之品質國家典範移動。亦即對立於低成本的生產模式，催生出高成本、高報酬、高附加價值的產業，以開放性的經濟小國招攬全球的人才、物質、資金、情報與企業，成為全球的「樞紐據點」(global hub) 來開創競爭量能。

　　臺灣過去一直以後進追趕的姿態，在全球產業分工鏈博得一席之地。然而，過去以代工、低毛利、自我壓縮的技術學習，雖造就了廣泛的製造、效率、彈性成效，但也造成品牌突破的困境。尤其，部分更建立在褐色經濟之犧牲體系下，導致唯經濟發展的單線思維，造成了勞動、環境、能源系統的脆弱性累積。而這樣的基礎，過去在 1980、1990 年代階段性堪稱成就的典範，如「臺灣錢淹腳目」等，卻在 2000 年之後面對全球科技、氣候鉅變下，反而形成今日經濟、社會轉型的難堪。尤其面對 2010 年代中快速崛起的第四次工業革命，臺灣若未能迅速調整發展價值、策略與省思鉅變社會轉型的哲學，以總體的科技、社會、環境、健康等相互影響、學習的永續經營，未來將很難在新的時代建立創新型的社會來應變，並引領全球的發展。

　　亦即，臺灣需要從過去代工模式太為成功的魔咒脫離出來，而朝向重視研發、高附加價值的產業模式轉型。即使或有主張代工模式形塑臺灣專門的契約資本主義之彈性、優勢、隱形冠軍等，也需要在第四次工業革命進行轉型。如彼得‧杜拉克所言，過去的成功是今天轉型的絆腳石。過去的發展形態的確與褐色經濟緊密契合，高碳、高汙染、低薪、低電價、低水價、農地違章工廠、環境與健康成本外部化等，其造成了今日國人仍然高度依循過去發展模式的路徑依賴，在相關的能源、空汙議題等重大議題的辯論上，深陷在舊式、欠缺進步性、欠缺社會轉型與創新的框架，吵吵嚷嚷。遑論離全球各國政府、社會、產業、金融部門，相當重視的低碳、氣候、數位科技所造就的變革與社會前瞻甚遠。

☌圖 9-2　產業模式轉型

　　一旦企業的領導人都有這樣的覺醒，臺灣要超越並創新，就不難了。臺灣需要快速地遠離這種舊式框架的辯論，而前瞻動態的趨

上、調整與創新，改變整體發展模式與典範。即使結構上有打造全球品牌的瓶頸與挑戰，但若能覺醒於第四次工業革命所啟動科技、經濟與社會之共同創造、共同設計、共同傳遞，並早日啟動創新研發所需要的總體社會條件：社會創新（永續與公平）、科技創新（關鍵突破、安全、共識），以及由此延伸出的社會認同、團結與信任，方能在新一波的大轉型變動中發展為強健的經濟社會系統。無論是調整發展產業結構，持續取得隱形冠軍，或正面迎戰建構全球平臺與品牌，都需要改變過去沿襲的犧牲體系。

　　例如，臺灣在人工智慧上具有一定基礎與優勢，是否能擺脫隨大廠的代工生產，而（如 Gogoro、巨大機械 (Giant)）建立全球平臺與生產架構，這些品牌的建立或隱形冠軍的優勢，都有賴整體社會朝向創新型的系統演化，其中的核心還是需要回歸到永續、安全、社會認同、健康的品質國家取向。後者不只為大前研一強調的品質國家的建構，同時也是國家形象、品牌國家的關鍵核心。

臺灣面對的六大系統風險

　　當全球主要工業國家已經致力邁向永續轉型之際，臺灣還深陷在新舊經濟和褐色經濟轉型、極端氣候、能源轉型、老化與人才等五大面向系統風險中。這些關鍵的系統轉型環環相扣、相互驅動，並且錯綜複雜，需要犀利與清晰的改革藍圖、政策推動，而本文持

續強調的風險溝通之重要社會工程，也為關鍵。從各國轉型的經驗來看，系統風險若未能轉化為系統機會，達到一定的臨界點，將發生大規模的社會崩潰，例如法國黃背心運動、巴西與智利先後的暴動，或者落入中等收入陷阱的情境。

臺灣正在驅動的科技經濟如 5G、AI 等與全球並駕齊驅，政府提出的經濟發展新模式與亞洲高階製造中心等新經濟的驅動，雖然試圖創造突破舊系統的機會，但無可諱言，需要極有決心變革褐色經濟，否則舊系統將鎖定發展路徑，導致新系統遲滯前進，難以突破。當國內主要工業的支配者與決策者，仍然停留在舊式的五缺思維，殊不知臺灣五大系統風險的根本，就在能源治理遲滯，其延續並促發鎖定效應，將經濟、氣候、老化與人才等亟需轉型的系統鎖定在舊的經濟路徑。我們若不積極啟動氣候與能源轉型的政策主流化，將面臨下述的系統風險交錯情境。

▎第一個情境

能源轉型的遲滯將繼續供給褐色經濟養分，並鞏固性的遲滯高碳、耗能產業的改革，需要思考高碳產業的排碳與耗能若能轉換成低碳模式，其騰出相關的電力供給可以挪動到高階製造，而審慎地轉換給能資源符合低碳轉型的臺商回流產業。

▎第二個情境

若高碳耗能產業模式不變動，讓臺灣持續處於高碳情境，除了

無法對應國際要求臺灣減碳的壓力之外，歐盟加速研擬的減碳政策與碳關稅，將嚴重影響臺灣。

▌第三個情境

持續供給舊經濟的五缺模式，將延續系統內的低值產品價格生產模式、低勞動力價格模式，無法對應全球正驅動低碳（無碳）的高值、創新產業競爭力。

▌第四個情境

前述舊系統持續運作，將跨不過 2026 年臺灣人口老化的系統風險，尤其目前全球正在積極搶人才，低價的產業模式與人力水準，現實上無法吸引高階人才來到或留在臺灣，影響甚鉅。

▌第五個情境

而當這些系統轉型仍然遲滯，系統風險將不斷複製與加深其社會運作模式，臺灣無法真正的創造高階，亦即第四次工業革命核心之環境友善、社會公平、以人為本的創新生態系，只能成為半吊子的中等收入陷阱國家。

▌第六個情境

未來社會、政經的衝突將不會只是世代性矛盾與差距，當然，青年時代的改革急促力道將不會等待，政治的動盪將不斷迅速複製，或拋棄整個世代。

四個因子將臺灣推向世界舞臺

　　世界歷史將臺灣推向全球的舞臺，其一為 2018 年美中貿易戰以來引發臺灣在全球生產鏈的戰略位置，晶片生產安全以及其連結之地緣政治與科技競爭。其二為新冠肺炎臺灣的防守楷模，後續失誤、疫苗政策的調整。第三為 2021 年臺灣 56 年來的極度乾旱，正值全球車用晶片荒及 5G 晶片需求之際。第四為全球正值邁向 2050 淨零排碳，國際也關注臺灣是否能成功進行能源轉型，以符合品牌大廠對臺廠百分百再生能源的要求。

　　若我們進行前瞻情境模擬，2021 年 4 月美國德州極地寒流導致電廠運作癱瘓、7 月日本靜岡縣的土石流毀村、美加高溫、德國西部世紀洪災、大陸鄭州千年暴雨，任一若發生在臺灣，我們是否對劇烈氣候災害有迅速調適的韌性，來確保全球生產鏈的運作供給？

　　無獨有偶，2021 年 517 大停電肇因於台電在乾旱時啟動原有水力發電來救急電力需求，為風險管理案例增加了重要一課。而不僅是對國內生產鏈安全的挑戰，鄭州洪災已影響蘋果供應鏈包含鴻海富士康廠運作，東南亞疫情擴散，也衝擊當地臺廠。亦即，國際疫情、氣候災害也對臺商的全球生產鏈布局產生相當影響。

　　疫病大流行與嚴峻的氣候災害沒有國界、種族、地域之分，而且隨時可能撲向每個國家、社群、人民，更對產業產生嚴重衝擊。

這是全球風險社會的系統崩潰起點，因人類的工業社會活動導致全球升溫已達 1.2 ℃，逼近臨界點。就此，臺灣應扮演何種角色，以貢獻人類文明？

　　臺灣是全世界貿易中型國家，理當在全球的治理上展現世界公民的量能。尤其，這次新冠肺炎即使決策暫時失誤，人民皆能因高度的社會信任，遵守國家規範，使得臺灣能越過嚴峻疫情，而滿足重要國際生產鏈持續運作的需求。此社會連帶基礎，已經展現了臺灣在全球歷史舞臺的楷模。

　　然而，作為全球中型經濟體的國家，臺灣已經隨著日益嚴峻的氣候災難，被要求對氣候災難有所作為，並保有全球生產鏈的安全運作。這分為兩個面向，第一，就國際上全球的淨零排碳要求，以臺灣的經濟實體，已被期待在淨零路徑、法制與政策上提出清晰作法，此為世界主義治理的責任。

　　歐盟預期於 2023 年 10 月展開的碳關稅架構，將於 2026 年正式實施，而美、日也將跟進，此舉等同強迫臺灣加速典範轉移。臺灣最艱困的為如何轉移碳密集產業與升級，根據臺大風險中心統計，臺灣製造業 2021 年占全國溫室氣體排放 52%，前 30 大企業貢獻這其中的 86%，前十更貢獻這 52% 中的四成。這個清晰的結構點出了淨零碳排的阿基里斯腱。

　　第二，臺灣對氣候、疫情的調適與應變能耐，牽動全球生產鏈的競爭與安全責任。目前風險中心及中研院團隊啟動探討高溫、乾旱與暴雨對我國科學園區廠商的衝擊度與容忍度，若遭遇如鄭州暴

雨，或如美加高溫、酷寒導致電力承載系統的失靈，或今年臺灣乾旱持續到底，我們當如何展現韌性？面對這些超極端氣候，政府與廠商需要從系統風險面及早展開短程、中程與長程的前瞻布局。而今年的旱災顯然已經加速前瞻工程，但較多仍著力在水網串接與水資源的開發，尚須系統性調整水價以鼓勵再生水，抑制產業、民眾浪費用水的無悔政策。疫情、氣候與科技戰，正將臺灣推向世界歷史舞臺，而逼迫進行艱困的轉型，面對這個契機與風險，將定調臺灣未來 30 年的發展。

回顧臺灣重要的政治、社會轉型，1980 年代末臺灣內部風起雲湧之政治運動爭取的是政治權、社會權與環境權，其伴隨著以低水價、低電價、低勞工價格為支撐的褐色經濟初步成功，成就臺灣錢淹腳目之舉；然而，這樣的高碳經濟模式已無法因應全球的變局。另一方面，2010 年後臺灣金融部門、電子、半導體、機械等由於參與亞洲盃或全球盃，在全球投資或製造上日益被要求大幅減碳及使用百分之百再生能源，形成另一股分裂的經濟模式狀態。亦即，臺灣內部呈現混雜、衝突與定位不清的經濟發展模式。

在全球變局上，在中美貿易戰、新冠肺炎後，政治上面臨國際上的民主與專制陣營競爭；經濟上面臨短鏈革命、加速臺商回流與新的區域供應鏈（如新印太製造鏈）組合競爭，回臺與國際的投資將超越兆元，帶動了臺灣二十多年來前所未有脫胎換骨的契機。另一方面，國際上有愈來愈清晰的以 2030 年聯合國永續發展目標、2050 年《巴黎協定》碳中和架構為基準，強力要求各國政府、產業

與社會加速減碳 ， 甚至提出全球每 10 年需急速減少既有排碳量的
50% (Carbon Law)。面對這樣的政治、經濟與社會安全的戰略情境，
臺灣政府、產業與社會準備好了嗎？

　　不可諱言，臺灣由於褐色經濟的支配造成過去能源轉型的嚴重
遲滯，至今國內仍然紛雜於核能、煤電的辯論。這些政治現實綑綁
了臺灣陷入漩渦式的褐色經濟內的各種爭議，難於往前走出。臺灣
新一代勢必要建構前瞻轉型策略，進行能資源再生、產業耗能轉換、
環境成本內部化，否則，這個經濟保守高敏感性的社會將持續自我
內耗、爭議。面對臺灣內部之產業、社會與政府的分裂、遲滯、混
亂的狀態，要接軌國際上以急速減碳為基礎之以人為本、環境永續
與社會創新的第四次工業革命，將有相當的門檻。我們不能僅只著
眼於建構亞洲的高階製造中心、智慧中心與軟體設計中心，而缺乏
嵌入國際氣候、能源與永續的大發展路徑。

　　臺灣需要政府、產業與社會層面重新建構創新的、綠色的、永
續的發展藍圖與清晰的路徑，這要政府與各界及早的投入，進行各
領域前瞻的模擬、研發與政策評估，並進行倡議與溝通。必須擬定
至 2030、2040、2050 年臺灣於國內、區域及全球之減碳期程戰略及
明確的運作路徑。更重要的是，政治菁英與領袖有義務在臺灣目前
深陷混雜、衝突與鉅變轉型之際，提出具前瞻、世代公平的綠色新
政論述，通過社會民主程序，來推進臺灣未來。

堅韌之島的普世價值新戰略

從 1990 年底以來人類社會面對各項全球或區域的食安、禽流感、大流感（SARS、MERS、H1N1、H5N1、依波拉等）、跨界空汙、核災輻射，甚至氣候變遷、人口老化，逐步形塑出國家治理或全球治理的非傳統安全要素，與經濟安全議題同樣成為矚目焦點；然而，其並不像經濟安全一般立刻融入國家或全球治理之安全議題。

直到近年，各國日益劇烈的氣候與新冠肺炎災難，清晰而現實地凸顯將這兩個非傳統安全要素，成為全球與國家治理的軸心，在二十一世紀的第 3 個 10 年起，演變為世界主義普世價值、地緣政治與國族主義的交錯、競爭關係。2021 年 6 月初起 G7 聚焦疫苗、氣候議題，北約首度重視氣候安全，到近日聯合國大會各國包括美國、中國、英國、發展中國家領袖及聯合國祕書長，無不高聲疾呼新冠肺炎與氣候緊急令全世界與各國進入了前所未見的鉅變與挑戰，亟需放下對立，採取全球公平、合作、包容與多邊治理架構，來共同因應解決對全體人類嚴峻的風險威脅。而此相當濃厚的世界主義治理，凸顯了此刻各國交錯的共同理念，原來，我們仍共同擁有、懷抱此等普世價值，其高於民主或獨裁威權之競爭。

而現實上氣候緊急與新冠肺炎、疫苗，除了普世價值外，同時也纏繞於地緣政治、國族主義、區域安全競爭，不可諱言的，國際

間大國、區域組織間的角力可能邊際化普世價值的世界主義治理。但可喜的是,從 2015 年起《巴黎協定》與聯合國永續發展目標及其所促動的 ESG(環境、社會與治理)已成為國際巨大的洪流,任何國家政府、公司之運作,皆將被檢視其治理正當性,而這將滲透到國際或區域經貿組織,繼續受到辯證。

誠如之前所言,新冠肺炎與氣候緊急將臺灣推向世界歷史的舞臺。疫情控制典範與口罩贈送,和中國、美國、G7 國家之疫苗贈送一般,放在普世價值的位階來看,具有道德的高度並受到世界各國公平的回饋。而疫情之外,氣候乾旱或暴雨對臺灣承擔全球半導體供應安全的責任,也受到全球各國的矚目。這兩個嶄新的非傳統安全要素成為國際上運作的軸心,讓世界重新發現臺灣。

就此,我們應當重新發現自己,當臺灣長期在國際建制外交上受到「可恥沉默」的排拒,從國際上主流化這兩個非傳統安全的運作,我們當發揮臺灣的這個方面的軟實力,來乘勢擴大我們的新舞臺。依此,在氣候治理上我們需要精進於更加前瞻與國際化的現實架構,國際會期待臺灣能在淨零碳排上能有清晰的貢獻,如同疫情控制一般。而目前欲加入高規格的 CPTPP,其中涉及的環境治理、氣候將是臺灣在亞洲與全球矚目的焦點之一。

臺灣目前就淨零碳排規劃起步較晚,雖然產業界紛紛正視 ESG、TCFD、碳關稅與排放交易的重要性,而行政院自 4 月初啟動淨零 4 個工作圈,也進行相當的技術性評估,但總體而言,完整性與前瞻性仍稍嫌不足。特別是淨零碳排最重要的治理面雖框入碳費

與公正轉型的討論，但就國際上評估 2050 淨零最重要的碳稅或碳權交易，並沒有進入研擬議程。前者僅侷限在環保署規費性質的碳費，碳稅的主角財政部不見角色，而後者碳權交易即使溫管法已經列入規範 6 年，但一直缺乏金管會訂定碳權市場與交易制度。

氣候治理已然成為全球治理中非傳統安全之核心架構，並交錯在普世價值、地緣政治與經濟競爭之中，建議國安、經濟團隊應儘速擬定戰略性架構，並盤整經濟保守型態社會的突破路徑，說服人民朝向未來。雖然艱難，但建構臺灣為普世價值與地緣政治交纏的國家相當重要，務必讓國際無法忽視這個堅韌之島的典範。

臺灣面臨的世紀命題

在地緣政治與經濟的變動中，臺灣站上世界舞臺的核心位置，在此激烈的變局中，臺灣若要有所發揮，除了國防之外，需要強化經濟、社會與治理的韌性與定位。當全世界重新發現臺灣，我們需要更積極定位自己。以 1980～2010 年與 2011～2040 年兩個長程階段，來觀察各 30 年社會發展曲線走向。

1980 年代臺灣經濟起飛、1987 年解除戒嚴，然而伴隨「臺灣錢淹腳目」之環境，核四、學生、勞工、主權獨立等運動顯示政治、經濟與社會內部試圖尋求未來定位與軌道；但 1990 年臺商大量西進，造成資金外流與產業轉型停滯，我們失去了一次內造轉型的契機。

在此期間，雖然電子業持續榮景，電子產品如筆電、LED 等全球市占率名列前茅，但隨著 2000 年中後期的製造外移，發生了臺灣接單、大陸生產的落差現象。而世界的轉型列車並不等待，於 2000 年前後全球各國致力於能源轉型，2010 年低碳經濟社會學習曲線日益成熟，同年蘋果智慧型手機誕生，共時性地驅動低碳、智慧、共善的新世界軌道。臺灣當時內部還陷入在高耗能、高碳排之國光石化（八輕）褐色經濟的爭辯。

相對於 1980～2010 年前 10 年的榮景與後 20 年的停滯，2011～2040 年這關鍵的 30 年，目前 10 年臺灣也不順遂。2013 年德國喊出工業 4.0，我們產業數位轉型遲滯；2017 年人工智慧、深度學習技術突破近在眼前，半導體產業陷入前景危機。而 2018 年 10 月美國發動美中貿易、科技戰，啟動了短鏈革命，帶來臺灣在這個階段第 2 個 10 年翻轉的契機，至 2020 年 5 月來臺、回流臺灣投資已經超過新臺幣 1 兆元。

我們要如何來看待 2011 至 2040 年這關鍵的未來 30 年呢？2015 年聯合國提出永續發展目標、《巴黎協定》，2017 年啟動企業氣候財務揭露報告，2018 年起美中科技戰，2021 年全球宣示 2050 淨零碳排，2023 年歐盟啟動課徵碳關稅，2020 年起新冠肺炎、氣候災難持續肆虐全球，2022 年俄烏戰爭造成能源危機、全球通膨與地緣政治緊張。

歷經這些複合性的全球賽局與風險，當前區域與各國聚焦在極端氣候災難、進而驅動淨零碳排之經濟社會轉型，而地緣政治衝突

也外溢到科技、經濟、產業、氣候與人權，驅動全球自由與威權陣營之價值外交競爭。然而，什麼是臺灣的定位呢？

臺灣面對兩個世紀命題：第一，在全球變局中，臺灣未來對世界的貢獻是什麼？如何藉此保障自己？第二，在全球零碳經濟驅動下，能否突破褐色經濟框架轉向綠色經濟？第一點貢獻全人類的世界主義命題，端視第二點我們轉型的速度：挺過淨零碳排壓力下產業、社會衝擊，銳變為更有韌性、創新、民主與共善的社會經濟，並以強韌的活力向全世界輸出科技、人文與價值。而此，在國際複雜的地緣政治與價值外交中，扮演特殊和核心的角色，持續貢獻全球，臺灣的安全將與全球的發展息息相關。

盤點這樣的未來角色，我們需要解決兩個新、舊結構挑戰：第一，提出策略將褐色經濟（低電價、水價、勞動薪資）導向新的發展軌道。第二，嚴謹的導向來臺投資大方案之低碳產業框架與標準。根據臺大風險中心初步統計，至 2022 年 12 月初通過投資審核 1,292 家企業中，有高達 53% 為高耗能產業，顯示行政部門需要更透明、清晰的訂定國家經濟社會戰略。未來 30 年產業、經濟、社會的布局與轉型，將決定臺灣未來除了科技之外，對全世界提供豐碩的人文、民主與價值貢獻，一方面擴大全球對臺灣安全的共識，另一方面，決定未來世代在國際政經槓桿的影響力。

淨零世代，您準備好了嗎

　　每一個世代都會有其艱鉅的挑戰。於 2023 年初春開學之際，值得我們探問的是，面對前所未有規模、劇烈地緣政治、產業變動、淨零碳排嚴峻要求的世局中，臺灣的學生們您準備好了嗎？如果造訪臺北植物園旁的孫運璿科技‧人文紀念館，會瞭解 1970 年代兩次石油危機，緊接著中美斷交、臺灣被迫退出聯合國。那時基礎科技工業尚未穩固，臺灣剛起步，岌岌可危。

　　同時，1970 年末美墨邊境將近 4,000 家電子業因環境成本及勞動意識高漲，加上美國需扶持第一島鏈國家，促成電子產業大規模移轉到臺灣等東亞國家，進而 RCA 技術移轉、1976 年宏碁、1979 年聯華電子成立。

　　而 1980 年代不但是產業、環境與社會定位衝突的年代，也是爆發政治民主化的年代。1985 年開放石化業的行政內閣勝出，六輕設廠位址數度爭議，甚至牽動到中國廈門海滄計畫的兩岸角力，最後落地雲林麥寮而形成今天臺灣高碳排的系統風險。1987 年台積電成立同年解除戒嚴，激烈的民主化伴隨政治權、環境權、社會權、婦女權與臺灣主權獨立的呼聲。

　　然而，1990 年代隨著中國經濟崛起，臺商大量西進造成臺灣產業空洞化危機，直到 2018 年美中貿易科技戰前，近 30 年每年投資

臺灣者稀，甚至被評估陷入中等收入陷阱。雖然 2000 年臺灣電子相關產業闖出全球市占率，但中國世界工廠地位確立，2006 年最後一條筆電產線外移，臺灣接單、境外生產導致薪資停滯的社會矛盾擴大。

為了追趕 2010 年全球低碳社會發展曲線，臺灣方於 2009 年通過再生能源發展條例，但至今綠能增長有限，和南韓一般，兩個國家都被鎖定在褐色經濟既有的高碳、能源利益叢結中，結構性的沉溺於低電價、低成本（勞動、水資源）的犧牲體系。

2010 年 NOKIA 手機全球市占率四成，旋即在當年新科技拐點蘋果智慧手機誕生後近乎歸零；2015 年 COP21 達成《巴黎協定》、2016 年要求全球產業分工鏈使用 100% 再生能源 (RE100)；2017 年金融與產業需進行氣候財務相關揭露 (TCFD)；2018 年擴大全球未來每 10 年必須減排 50% 二氧化碳的深度減碳；更甚的是，2021 年 COP26 確立 2050 年淨零碳排目標。突發的 RE100 及淨零的雙重壓力排山倒海而來，長期遲滯轉型的臺灣戒慎恐懼。

不僅如此，2020 年初爆發的新冠肺炎與氣候災難形成風險威脅的雙主軸之外，美中貿易科技戰、地緣政治衝突、新疆香港人權壓迫、俄烏戰爭引發糧食危機、通膨與人道災難，及智慧威權監控、現今 ChatGPT 未知的衝擊，都為人類史上除了世界大戰外前所未有、規模性、不確定性的挑戰。

可以說，作為淨零世代的學生，未來 30 年將身置於高度複雜、不確定性的氣候、疫病、人工智慧風險，伴隨地緣政治、經濟與軍

事衝突的多重危機。個體的存在與安全，緊扣在社會轉型韌性與國家安全韌性，並交錯纏繞於地緣、民主與獨裁體制競爭、科技陣營的團結與對立。而臺灣內部遲滯的政府治理轉型、產業轉型、能源轉型，加上人口老化更擴大系統性風險鴻溝。

　　世界局勢造就國際與臺灣都需要建構新的認識論來回應這些變局。臺灣身處特殊的戰略位置，如何在困難的淨零轉型，不確定、未知、非線性文明演化，甚至國際強權對峙中建構自己，反饋連結與貢獻全世界以保障自身安全，該是思考給下一個世代未來指向的時刻。

附錄

參考資料

CH 1

◉許晃雄、Singing(2022)，《聖誕老公公變瘦了！》，臺北：小天下。

CH 2

◉臺灣公衛學生聯合會 (2022)，〈科普小學堂｜氣候變遷對臺灣水資源的衝擊〉。https://fphsatw.azurewebsites.net/eh/科普小學堂｜氣候變遷對臺灣水資源的衝擊/#article

◉黃祉瑄 (2017)，〈氣候變遷對飲用水水質及消毒副產物生成影響之研究〉。碩士論文，國立臺灣大學。臺灣博碩士論文知識加值系統。https://hdl.handle.net/11296/8jybgg

◉鄧雅讌 (2003)，〈飲用水中三鹵甲烷生成及其致癌風險評估〉。碩士論文，國立臺灣大學。臺灣博碩士論文知識加值系統。https://hdl.handle.net/11296/w92g27

◉行政院環境保護署 (2016)，《安全飲用水（第五版）》。http://www2.csic.khc.edu.tw/07/0713/DOC/飲用水手冊 %20 第五版 %20.PDF

◉全國法規資料庫，《飲用水連續供水固定設備使用及維護管理辦法》，2006 年修正。

◉全國法規資料庫，《飲用水水質標準》，2022 年修正。

◉行政院環境保護署 (2021)，〈認識安全的飲用水——相信廣告詞？還是科學數據！飲用水全球資訊網〉。https://dwsiot.epa.gov.tw/articlepage_other/18

◉水利署第七河川局 (2021)，〈高屏溪〉。https://www.wra07.gov.tw/cp.aspx?n=12494

◉Centers for Disease Control and Prevention (2022), Water Treatment and Testing, https://www.cdc.gov/healthywater/swimming/residential/disinfection−testing.html

◉張琰竑 (2017)，〈臺北自來水事業處多重屏障防制策略與自來水品質安全〉。《自來水會刊》，36(2)，22−30。

◉經濟部水利署 (2003)，〈中水利用供水系統〉。https://www.wcis.org.tw/Content/library/pdf/center.pdf

CH 3

◉1996 年巴西微囊藻毒素污染事件：Azevedo, S. M., Carmichael, W. W., Jochimsen, E. M., Rinehart, K. L., Lau, S., Shaw, G. R., & Eaglesham, G. K. (2002)."Human intoxication by microcystins during renal dialysis treatment in Caruaru−Brazil."*Toxicology*, 181, 441−446.

●1993 年美國 Milwaukee 隱孢子蟲污染事件： Mac Kenzie, W. R., Hoxie, N. J., Proctor, M. E., Gradus, M. S., Blair, K. A., Peterson, D. E., ... & Davis, J. P. (1994)."A massive outbreak in Milwaukee of Cryptosporidium infection transmitted through the public water supply."*New England journal of medicine*, 331(3), 161–167.

●2000 年加拿大安大略大腸桿菌 O157 污染事件： Holme R. (2003)."Drinking water contamination in Walkerton, Ontario: positive resolutions from a tragic event."*Water science and technology : a journal of the International Association on Water Pollution Research*, 47(3), 1–6.

CH 4

●國家發展委員會都市及區域發展統計彙編──民國 110 年： https://ws.ndc.gov.tw/ Download.ashx?u=LzAwMS9hZG1pbmlzdHJhdG9yLzEwL3JlbGZpbGUvMC8xNDY 5MC9hY2Q1OWQ0Mi1iYmQzLTQ3MmEtYjAzMy1lMmEwOTk2NDAxZTcucGRm &n=MTEwX1BERi5wZGY%3d&icon=..pdf

●周志龍 (2002)，〈全球化、國土策略與臺灣都市系統變遷〉。《都市與計畫》，29(4)，491–512。

●勝利花園的歷史： https://www.history.com/news/americas-patriotic-victory-gardens#:~:text=In%20March%20of%201917%E2%80%94just,be%20exported%20to %20our%20allies

●羅恩的 TED talk 演講影片：https://www.youtube.com/watch?v=EzZzZ_qpZ4w

●臺大系統舒適度計畫介紹──雲林場域：https://scplus.ipcs.ntu.edu.tw/%e5%ad%b8 %e7%a0%94%e6%88%90%e6%9e%9c/%e9%9b%b2%e6%9e%97%e5%a0%b4%e5 %9f%9f/

●西雅圖都市農耕歷史：https://www.historylink.org/File/20662

●首爾的都市農業願景：
https://cityfarmer.seoul.go.kr/fileManager/www/brd/536/1570784671167.pdf
https://www.fruitnet.com/asiafruit/seouls-ambitious-urban-farming-goal/183324.article

●臺北市田園城市成果：https://futurecity.cw.com.tw/article/2506

●塩見直紀 (2006)，《半農半 X 的生活：順從天然，實踐天賦》，臺北：天下文化。

●古巴農耕生態：https://www.youtube.com/watch?v=jShKWeoqkiU

●可以吃的風景：https://www.youtube.com/watch?v=4KmKoj4RSZw

CH 5

●聯合國環境署 SDG 7 之介紹： https://www.unep.org/explore-topics/sustainable-development-goals/why-do-sustainable-development-goals-matter/goal-7

◉林子倫談 SDG7 可負擔的潔淨能源： 能源轉型三條件： https://medium.com/airiti/sdg7–affordable–and–clean–energy–35f2542c0096

◉聯合國最低度發展國家介紹： https://www.un.org/development/desa/dpad/least-developed–country–category.html

◉聯合國小島發展中國家介紹：https://www.un.org/ohrlls/content/about–small–island–developing–states#:~:text=Small%20Island%20Developing%20States%20(SIDS,social%2C%20economic%20and%20environmental%20vulnerabilities.

◉聯合國內陸發展中國家介紹： https://www.un.org/ohrlls/content/about–landlocked–developing–countries

◉United Nations (2022), The Sustainable Development Goals Report 2022, https://unstats.un.org/sdgs/report/2022/The–Sustainable–Development–Goals–Report–2022.pdf

◉《氣候變化綱要公約》介紹：https://unfccc.int/process–and–meetings/what–is–the–united–nations–framework–convention–on–climate–change

◉聯合國人居署 (UN-Habitat) 針對城市能源使用以及溫室氣體排放介紹： https://unhabitat.org/topic/urban–energy

◉世界資源研究所 (World Resource Institute) 關於非國家行為者參與氣候行動之討論： https://www.wri.org/technical–perspectives/insider–expand–role–subnational–actors–climate–policy

◉《巴黎協定》簡介： https://climate.ec.europa.eu/eu–action/international–action–climate–change/climate–negotiations/paris–agreement_en

◉António Guterres (2020), COVID-19 in an Urban World, https://www.un.org/sites/un2.un.org/files/sg_policy_brief_covid_urban_world_july_2020.pdf

◉紐約市氣候動員法簡介： https://www.nyc.gov/assets/nycaccelerator/downloads/pdf/ClimateMobilizationAct_Brief.pdf

◉紐約市 2020 年版的節能法規介紹： https://www.nyc.gov/site/buildings/codes/2020–energy–conservation–code.page

◉西班牙巴塞隆納能源轉型的個案研究： https://www.c40knowledgehub.org/s/article/Cities100–Barcelona–is–fueling–a–renewable–transition–while–empowering–citizens?language=en_US

◉倫敦市政府太陽光電行動計畫政策介紹： https://www.london.gov.uk/sites/default/files/solar_action_plan.pdf

◉倫敦市公民電廠發展基金政策介紹： https://www.london.gov.uk/programmes–strategies/environment–and–climate–change/energy/london–community–energy–fund

◉經濟部能源局 (2020)，《能源轉型白皮書》。https://cdn.flipsnack.com/widget/v2/widget.html?hash=h98wpmco7k
◉歐洲推廣公民電廠組織 REScoop 介紹：https://www.rescoop.eu/the–rescoop–model
◉西班牙巴塞隆納能源貧窮諮詢站： https://www.c40knowledgehub.org/s/article/Cities100–Barcelona–tackles–energy–poverty–via–retrofits–and–job–training?language=en_US#:~:text=In%20Barcelona%2C%20many%20vulnerable%20families,dire%20need%20of%20efficiency%20retrofitting.
◉西班牙巴塞隆納氣候庇護網絡： https://www.barcelona.cat/barcelona–pel–clima/en/barcelona–responds/specific–actions/climate–shelters–network
◉倫敦燃料貧窮政策說明： https://www.london.gov.uk/sites/default/files/fuel_poverty_action_plan.pdf
◉美國環保署針對社區選擇權聚合方案內涵以及發展現況介紹： https://www.epa.gov/green–power–markets/community–choice–aggregation
◉聯合國對淨零碳排的介紹：https://www.un.org/en/climatechange/net–zero–coalition

CH 6

◉The Global Goals SDG 14: Life Below Water 介紹 ： https://globalgoals.tw/14–life–below–water
◉海洋委員會海洋保育署 (2018)，〈iOcean 海洋保育網： 海洋生物的多樣性〉。https://iocean.oca.gov.tw/OCA_OceanConservation/PUBLIC/Marine_Biodiversity.aspx
◉Judy 吳家鈴 (2020)，〈世界海洋日，喚起海洋保育的關注〉。https://www.businesstoday.com.tw/article/category/172069/post/202006160014/
◉郭志榮 (2004)，〈我們的島： 工業區大進擊〉。https://ourisland.pts.org.tw/content/2358
◉朱淑娟 (2010)，〈白海豚： 國光石化可以為我轉彎嗎？〉。https://e–info.org.tw/node/57335
◉台灣環境資訊協會，〈白海豚認養計畫〉。https://teia.tw/archives/env_trust_prjt/%e7%99%bd%e6%b5%b7%e8%b1%9a%e8%aa%8d%e8%82%a1%e8%a8%88%e7%95%ab
◉郭金泉 (2013)，〈核電與海洋汙染〉。https://www.taiwanwatch.org.tw/node/925
◉陳誼芩 (2008)，〈澎湖生態工作假期暖身　淨灘、尋訪南面山〉。https://e–info.org.tw/node/35907
◉蔡中岳 (2015)，〈未曾落幕的東海岸攻防戰〉。https://e–info.org.tw/node/108815
◉朱雲瑋 (2018)，〈令人驚豔的海中的熱帶雨林〉。https://www.natgeomedia.com/environment/gallery/content–6857.html

◉李倫、雷梓萱、宇貴珍、沈靖棠 (2021)，〈關於海洋和珊瑚，應該知道的事〉。https://e-info.org.tw/node/231019

◉行政院農委會農會主題館珊瑚礁介紹：https://kmweb.moa.gov.tw/subject/subject.php?id=29884#:~:text=%

◉于立平、柯金源 (2020)，〈白色珊瑚海 （上）：高溫來襲怎麼辦？〉。https://ourisland.pts.org.tw/content/7231

◉公視新聞網 (2014)，〈核電廠近海　珊瑚演化半人造生態〉。https://news.pts.org.tw/article/268897

◉楊起 (2018)，〈淺談核能電廠對海洋的影響〉。《科技報導》，NO. 437 2018 年 5 月號。https://www.scimonth.com.tw/archives/558

◉黃思敏 (2021)，〈海洋「熱壓力」致 2020 年最大規模珊瑚白化　學者呼籲宣告氣候緊急〉。https://e-info.org.tw/node/229014

◉林燕如 (2021)，〈珊瑚有難｜史上首次全國大規模珊瑚白化〉。https://ourisland.pts.org.tw/content/7392

◉Ian Sample 著，陳維婷譯 (2007)，〈海洋酸化　珊瑚礁可能在 2050 年消失 98%〉。https://e-info.org.tw/node/29181

◉台灣海洋環境教育推廣協會、台灣環境資訊協會 (2009)，〈何謂珊瑚礁總體檢〉。https://e-info.org.tw/node/41609

◉林育朱 (2020)，〈2017 小琉球珊瑚礁體檢〉。https://teia.tw/archives/ocean_lastestpost/2017 小琉球珊瑚礁體檢

◉林育朱 (2017)，〈蘭嶼珊瑚健康優　蝕骨海綿覆蓋增引關注〉。https://e-info.org.tw/node/205543

◉台灣環境資訊協會 (2011)，〈東海岸珊瑚礁驗傷報告 【開發不間斷，珊瑚共蒙塵】〉。https://teia.tw/archives/ocean_lastestpost/東海岸珊瑚礁驗傷報告 【開發不間斷，珊瑚共蒙塵

◉許祖菱 (2021)，〈2020 台灣珊瑚礁體檢報告：海水溫度飆高加上無颱風　釀成史上最大珊瑚白化〉。https://e-info.org.tw/node/231344

◉徐千禾 (2016)，〈承租九孔池　珊瑚媽媽復育海花園〉。https://e-info.org.tw/node/115952

◉綠色和平組織 (2016)，〈成千上萬的信天翁幼鳥還來不及展開飛行，小小身軀裡卻先被垃圾佔滿〉。https://www.thenewslens.com/article/44968

◉ETtoday 新聞 (2015)，〈大刀解剖擱淺抹香鯨　肚全是 「人類餵的塑膠袋」 害死牠〉。https://www.ettoday.net/news/20151024/585443.htm

◉陳彥廷 (2016)，〈海龜便秘拉出塑膠袋　專家說分明〉。https://news.ltn.com.tw/news/life/breakingnews/1688338

◉陳沁萱 (2021),〈【海洋永續】反思淨灘熱潮──走向智慧淨灘,別讓淨灘越淨越髒〉。https://npost.tw/archives/61695

◉ICC 國際淨灘行動──淨灘召集人操作手冊：https://www.nmmst.gov.tw/other/B5315–wd.pdf

◉荒野保護協會 2021 國際淨灘行動 ICC 介紹：https://www.sow.org.tw/node/42254

◉彭瑞祥 (2017),〈面對海洋垃圾　環署邀民間共組「海洋廢棄物治理平台」〉。https://e–info.org.tw/node/115323

◉海洋委員會海洋保育署,海洋廢棄物治理平台：https://www.oca.gov.tw/ch/home.jsp?id=129&parentpath=0,4,127

◉賴品瑀 (2018),〈民間參與限塑政策　2030 全面禁用吸管等四種一次性塑膠〉。https://e–info.org.tw/node/209976

◉鄭宏斌等 (2016),〈蘭嶼垃圾　280 公里的奇幻漂流〉。https://theme.udn.com/theme/story/6774/2084963

◉自由時報 (2016),〈蘭嶼學生發起「多背一公斤」　呼籲遊客把垃圾帶回家〉。https://news.ltn.com.tw/news/life/breakingnews/1721606

◉陳彥廷 (2017),〈小琉球首創「海灘貨幣」　撿垃圾也能變現金〉。https://news.ltn.com.tw/news/life/breakingnews/2102778

◉陳彥廷 (2022),〈她讓海廢華麗轉身　小琉球「海灘貨幣」發行 NFT〉。https://news.ltn.com.tw/news/life/breakingnews/3901380

◉臺灣海域健康狀況：
https://oceanhealthindex.org/regions/taiwan/#:~:text=The%20overall%20Ocean%20Health%20Index%20score%20for%20Taiwan,lower%20than%20the%20global%20average%20score%20of%2069.

◉彭昱融 (2011),〈永續漁業　才能年年有魚〉。《天下雜誌》, No. 450。https://www.cw.com.tw/article/5000199

◉陳儷方 (2023),〈卸魚申報提供第一手沿近海漁業資源數據　漁業署首次表揚百艘漁船貢獻〉。https://www.agriharvest.tw/archives/95880

CH 7

◉表 7–1：台灣以外國家：Our World in Data:https://github.com/owid/covid-19-data/tree/master/public/data
台灣：COVID-19 全球疫情地圖：https://covid-19.nchc.org.tw/2023_city_confirmed.php

◉表 7–2：National Vital Statistics Reports, Vol. 70, No. 9, July 26, 2021.

◉圖 7–3：美國全國衛生統計中心資料：https://www.cdc.gov/nchs/

◉圖 7-4：經濟合作暨發展組織 OECD 統計資料網 :https://stats.oecd.org/
◉圖 7-9：經濟合作暨發展組織 OECD 統計資料網 :https://stats.oecd.org/
◉圖 7-10：1950、1961：江東亮 (2007)，《醫療保健政策：臺灣經驗》，臺北：巨流圖書公司。
　　　　1971～2005：行政院衛生署，《衛生統計（公務統計）》。
　　　　2006～2018：衛生福利部統計處，《醫療機構現況及醫院醫療服務統計》。
◉圖 7-11：1971～2007：行政院衛生署，《衛生統計（公務統計）》。
　　　　2008～2018：衛生福利部統計處，《醫療機構現況及醫院醫療服務統計》。
◉圖 7-12：衛生福利部統計處，《國民醫療保健支出統計》。
◉圖 7-13：醫事人員數：
　　　　1954～2005：行政院衛生署，《衛生統計（公務統計）》。
　　　　2006～2018：衛生福利部統計處，《醫療機構現況及醫院醫療服務統計》。
　　　　公立衛生機構行政人員數：
　　　　1985-2003：行政院衛生署，《衛生統計（公務統計）》。
　　　　2004-2018：衛生福利部統計處，《衛生公務統計》
◉圖 7-14：衛生福利部，《107 年國民醫療保健支出統計》。

CH 8

●Noreena Hertz 著，聞若婷譯 (2021)，《孤獨世紀》，臺北：先覺出版社。
◉李開復著 (2021)，《AI 2041：預見 10 個未來新世界》，臺北：天下文化出版社。
●Rodney A. Brooks 著，蔡承志譯 (2003)，《我們都是機器人》，臺北：究竟出版社。
◉唐鳳自述，丘美珍執筆 (2023)，《我的 99 個私抽屜：唐鳳的 AI 時代生存心法》，臺北：英屬蓋曼群島商網路與書股份有限公司臺灣分公司。
◉Akinori Kubo (2013), Plastic Comparison: The Case of Engineering and Living with Pet-type Robots in Japan, *East Asian Science, Technology and Society*, Vol. 7, No. 2, pp. 205–220.
◉《機器人學 Robotics》，陽明交通大學開放式課程 https://ocw.nycu.edu.tw/course _detail.php?bgid=8&gid=0&nid=554
◉吳嘉苓、傅大為、雷祥麟編 (2004)，《科技渴望社會》，新北：群學出版社。
◉林文源、郭文華、王秀雲、楊谷洋編 (2022)，《科技社會人 4：跟著關鍵物去旅行》，新竹：陽明交通大學出版社。
◉陽明交通大學科技與社會研究所網站：https://sts.nycu.edu.tw
◉楊谷洋 (2021)，《羅伯特玩真的？AI 機器人時代的夢想進行式》，新竹：陽明交通大學出版社。

圖片來源

圖 1–1：NASA GISS、NOAA NCEI、ESRL、IPCC AR5, 2013、編輯部

圖 1–2：shutterstock

圖 1–3：聯合報系提供

圖 1–4：IPCC SR15、編輯部

圖 1–5：UN EGR21、編輯部

圖 1–6：https://eur–lex.europa.eu/legal–content/EN/TXT/HTML/?uri=CELEX:52019 DC0640、編輯部

圖 1–7：The World Nuclear Industry Status Report 2020、編輯部

圖 1–8：STATE OF CLIMATE ACTION 2021、編輯部

圖 1–9：shutterstock

圖 2–1：Wikimedia Commons

圖 2–5：Wikimedia Commons

圖 3–1：shutterstock

圖 3–2：shutterstock

圖 4–1：臺灣新鄉村協會提供

圖 4–2：臺灣新鄉村協會提供

圖 4–3：臺灣新鄉村協會提供

圖 4–4：Wikimedia Commons

圖 4–5：shutterstock

圖 4–6：臺灣新鄉村協會提供

圖 4–8：Wikimedia Commons

圖 4–9：shutterstock

圖 4–10：臺北市政府田園銀行網路平臺

圖 4–11：臺北市政府田園銀行網路平臺

圖 5–1：經濟部能源局 (2018)，「新節電運動」方案規劃

圖 5–2：shutterstock

圖 5–3：shutterstock

圖 5–4：shutterstock

圖 6–1：shutterstock

圖 6–2：shutterstock

圖 7–1：The New York Times

圖 7–14：万永、編輯部
圖 8–1：shutterstock、編輯部
圖 8–2：美聯社提供
圖 8–3：shutterstock
圖 8–4：shutterstock
圖 9–1：shutterstock
圖 9–2：shutterstock

※其餘未標示者均為講者提供照片，或講者提供並由三民書局編輯部繪製而成。

名詞索引

專有名詞

科學

SDG 14 的加減乘除：
海洋生態的永續議題與實踐

海洋 ×SDGs = SDG14 的加減乘除？！

入境帛琉前還需先簽署誓詞保護海洋生態？！
矽藻也會喊餓？！臺灣的水產養殖技術有望領先全球！
什麼？牛排用印的可以吃？！食品科學已超乎你的想像！
海洋酸化有解？看似柔弱的海草居然成了海洋救星！

由國立臺灣海洋大學的十餘位專家合著的這本書，深入探討了 SDG14（保育海洋生態）與其他可持續發展目標之間的緊密關聯，強調永續發展需要由每個人著手。內容不僅深入剖析現有情況，更提出了應對挑戰的新科技解決方案，如人工智慧養殖、漁菜共生系統、基因選育技術來解決飢餓問題，以及海洋教育人才培育等。旨在喚起讀者對保護海洋生態的認識，呼籲大家一同為實現永續發展目標而努力。

主編：謝玉玲
總策畫：李明安

破解動物忍術
如何水上行走與飛簷走壁？
動物運動與未來的機器人

水黽如何在水上行走？蚊子為什麼不會被雨滴砸死？
哺乳動物的排尿時間都是 21 秒？死魚竟然還能夠游泳？

讓搞笑諾貝爾獎得主胡立德告訴你，這些看似怪異荒誕的研究主題也是嚴謹的科學！

★《富比士》雜誌 2018 年 12 本最好的生物類圖書選書
★《自然》、《科學》等國際期刊編輯盛讚

從亞特蘭大動物園到新加坡的雨林，隨著科學家們上天下地與動物們打交道，探究動物運動背後的原理，從發現問題、設計實驗，直到謎底解開，喊出「啊哈！」的驚喜時刻。想要探討動物排尿的時間得先練習接住狗尿、想要研究飛蛇的滑翔還要先攀登高塔？！意想不到的探索過程有如推理小說般層層推進、精采刺激。還會進一步介紹科學家受到動物運動啟發設計出的各種仿生機器人。

作者：
胡立德（David L. Hu）

譯者：羅亞琪
審訂：紀凱容

主編：
于宏燦

妙趣痕聲 —— 聲彩繽紛的 STEAM

歡迎進入聲彩繽紛的世界！

閱讀以後，你的生活將從此妙趣痕聲！

「聲音」是我們日常生活中最常接觸的物理現象。從本質來看，聲音就是一種波動，所以不僅蟲鳴鳥叫是聲音、音樂是聲音，甚至是地震都是一種聲音。生物們藉由聲音來傳遞訊息，而人們更是利用聲音來探索世界、傳遞感情。隨著人們在聲音之旅的旅程中邁進，這個世界也愈來愈繽紛多彩。

當你「聆聽」完這首由各個領域交織而成的知識交響曲，你不僅會對聲音的奇妙與多樣感到驚奇，更會發現這個聲聲不息的世界是如此地美麗。

主編：
洪裕宏、高涌泉

心靈黑洞 —— 意識的奧祕

意識是什麼？心靈與意識從何而來？

我們真的有自由意志嗎？

植物人處於怎樣的意識狀態呢？

動物是否也具有情緒意識？

過去總是由哲學家主導辯論的意識研究，到了 21 世紀，已被科學界承認為嚴格的科學，經由哲學進入科學的領域，成為心理學、腦科學、精神醫學等爭相研究的熱門主題。本書收錄臺大科學教育發展中心「探索基礎科學系列講座」的演說內容，主題圍繞「意識研究」，由 8 位來自不同專業領域的學者帶領讀者們認識這門與生活息息相關的當代顯學。這是一場心靈饗宴，也是一段自我了解的旅程，讓我們一同來探索《心靈黑洞——意識的奧祕》吧！

科學

作者：松本英惠
譯者：陳朕疆

打動人心的色彩科學

暴怒時冒出來的青筋居然是灰色的？！
在收銀台前要注意！有些顏色會讓人衝動購物
一年有 2 億美元營收的 Google 用的是哪種藍色？
男孩之所以不喜歡粉紅色是受大人的影響？
會沉迷於美肌 app 是因為「記憶色」的關係？
道歉記者會時，要穿什麼顏色的西裝才對呢？

你有沒有遇過以下的經驗：突然被路邊的某間店吸引，接著隨手拿起了一個本來沒有要買的商品？曾沒來由地認為一個初次見面的人很好相處？這些情況可能都是你已經在不知不覺中，被顏色所帶來的效果影響了！本書將介紹許多耐人尋味的例子，帶你了解生活中的各種用色策略，讓你對「顏色的力量」有進一步的認識，進而能活用顏色的特性，不再被繽紛的色彩所迷惑。

作者：潘震澤

科學讀書人 —— 一個生理學家的筆記

「科學與文學、藝術並無不同，
都是人類最精緻的思想及行動表現。」
★ 第四屆吳大猷科普獎佳作
★ 入圍第二十八屆金鼎獎科學類圖書出版獎
★ 好書雋永，經典再版

科學能如何貼近日常生活呢？這正是身為生理學家的作者所在意的。在實驗室中研究人體運作的奧祕之餘，他也透過淺白的文字與詼諧風趣的筆調，將科學界的重大發現譜成一篇篇生動的故事。讓我們一起翻開生理學家的筆記，探索這個豐富又多彩的科學世界吧！

科學

作者：王道還

天人之際 —— 生物人類學筆記

美國國會指定 1990 年代是「大腦的十年」，
但時至今日，我們真的了解大腦了嗎？
1976 年美國面臨豬流感疫苗的兩難問題，
現今疫情下，我們是否真的有做到「不貳過」？
「為什麼要做研究？」這個問題，可能比成果更重要？！

人類與非洲的黑猩猩來自同一祖先，大約 600 萬年前分別演化；
我們智人（*Homo sapiens*）的直接祖先，大約 30 萬年前出現；
我們熟悉的生活方式，發軔於 1 萬年前；
文明在 5000 年前問世；
許多所謂的普世價值，在過去 500 年逐漸成形，
有一些甚至在最近幾個世代才成為公共討論的議題。
——本書各篇以不同的角度討論人文世界的起源、發展與展望

作者是生物人類學者，在他筆下，人類的自然史成為敷衍
「人文」的重要線索。

國家圖書館出版品預行編目資料

永續發展的路口：實踐SDGs的權威指南／臺大科學
教育發展中心編著；于宏燦主編.－－初版一刷.－－
臺北市：三民，2024
　　面；　公分.－－（科學+）

　ISBN 978-957-14-7713-8 （平裝）
　1. 環境保護 2. 永續發展

445.99　　　　　　　　　　　　　112017330

科學+

永續發展的路口：實踐 SDGs 的權威指南

主　　　編	于宏燦
編 著 者	臺大科學教育發展中心
責任編輯	張絜耘
美術編輯	黃孟婷

發 行 人	劉振強
出 版 者	三民書局股份有限公司
地　　址	臺北市復興北路 386 號 (復北門市)
	臺北市重慶南路一段 61 號 (重南門市)
電　　話	(02)25006600
網　　址	三民網路書店 https://www.sanmin.com.tw

出版日期	初版一刷 2024 年 1 月
書籍編號	S300460
I S B N	978-957-14-7713-8

三民書局